PPT其实不费劲
案例视频自学教程

张卓◎著

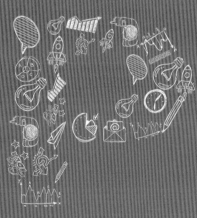

中国水利水电出版社
www.waterpub.com.cn
·北京·

内 容 提 要

　　《PPT 其实不费劲　案例视频自学教程》本书是作者从事 20 余年企业 PowerPoint 培训后的经验总结，作者认为，对于并非从事广告设计相关专业的用户来说，一开始学习 PowerPoint 就直接想要"设计感强"和"美"很容易在学习的路上半途而废。先"快"，再"好"，最后达到"美"，才是真正有效学习 PowerPoint 的路径。脱离了 PowerPoint 的核心功能，一味地以设计师的眼光来使用 PowerPoint 对用户并不是最实用的，《PPT 其实不费劲　案例视频自学教程》详细介绍了 PowerPoint 软件本身的关键功能，以及这些功能如何帮助用户提高效率。

　　《PPT 其实不费劲　案例视频自学教程》既适合于职场中 PPT 初学者，也适合有一定 PPT 制作基础，但总难以突破自己，无法设计出更吸引人的 PPT 的中级用户。还适合毕业生及即将毕业走向工作岗位的广大学生，同时，也可以作为广大高校、培训班及企事业单位的教学培训参考用书。

　　《PPT 其实不费劲　案例视频自学教程》操作的版本适用于 Microsoft Office PowerPoint 2010/2013/2016/2019 以及 Office 365。

图书在版编目(CIP)数据

PPT其实不费劲　案例视频自学教程 / 张卓著. —北京：中国水利水电出版社，2020.6（2020.8 重印）
ISBN　978-7-5170-8486-0

Ⅰ. ①P…　Ⅱ. ①张…　Ⅲ. ①图形软件—教材
Ⅳ. ①TP391.412

中国版本图书馆CIP数据核字(2020)第051624号

书　　名	PPT 其实不费劲　案例视频自学教程 PPT QISHI BU FEIJIN　ANLI SHIPIN ZIXUE JIAOCHENG
作　　者	张卓 著
出版发行	中国水利水电出版社 （北京市海淀区玉渊潭南路 1 号 D 座　100038） 网址：www.waterpub.com.cn E-mail：zhiboshangshu@163.com 电话：（010）62572966-2205/2266/2201（营销中心）
经　　售	北京科水图书销售中心（零售） 电话：（010）88383994、63202643、68545874 全国各地新华书店和相关出版物销售网点
排　　版	北京智博尚书文化传媒有限公司
印　　刷	河北华商印刷有限公司
规　　格	180mm×210mm　24 开本　8.25 印张　313 千字　1 插页
版　　次	2020 年 6 月第 1 版　2020 年 8 月第 2 次印刷
印　　数	5001—8000 册
定　　价	69.80 元

凡购买我社图书，如有缺页、倒页、脱页的，本社营销中心负责调换

PowerPoint 职场进阶的 3 字要诀

快

所谓"天下武功，唯快不破"，PPT也同样，作为职场人，首先需要快速地将所要表达的内容呈现出来。这里的"快"并非插入一个文本框，然后把文字往 PPT 里面"填"。

"快"有以下两层含义。

1. 快速地提炼和打磨文字。

如果是需要当众演讲的幻灯片，则需要把文字的中心思想和关键词句进行提炼。幻灯片中留下需要让人记住的信息（短语、词、数字、图像）。这并非我的 PPT 私房课的重点，在课程中我会用实际案例给课程学员分析如何进行文字的"提炼"。

2. 快速地创建幻灯片文稿。

◆ 文字都在"文本框"内进行输入？这不快。

◆ "格式刷"虽好，但不要贪"刷"哦。"牵一发而动全身"才高效。

◆ SmartArt 不是没用，是多数人不会用。

◆ 切换和动画搭配着用，别做"动画片"。

......

占位符、母版、幻灯片版式、动画，这些都是 PPT 的核心功能，真正了解了，可以让创建 PPT 的效率提高不止10 倍。效率提高了，我们才有更多的时间去考虑怎样做得更好、更美。毕竟，对于职场人来说，时间用在核心业务（工作）上才是王道。因为不会用 PPT 而浪费太多时间在制作PPT 上，真的很不划算。

好

什么叫作"好"？"页面干净、整洁，观点清晰"为好 PPT。"干净、整洁"的标准是什么？我的理解是：

◆ 相同逻辑结构的文字格式统一。

◆ 相同位置的图片大小和位置统一。

◆ 相同主题内容的幻灯片版式统一。

达到这个程度，至少能说明对 PPT 中要传达的核心思想掌握得是很清楚的。

美

爱美之心，人皆有之。看到惊艳的平面设计和动画视频，我就会犯职业病，去琢磨这个设计能不能通过 PPT 实现，这些用专业的视频编辑软件做的动画效果，是否可以通过 PPT 的动画来达成。"美"不是一步就能达到的，也不是套用模板就能实现的，需要我们通过多欣赏优秀的 PPT 作品来提升审美能力。光欣赏还不行，还要自己动手尝试去做，先从模仿开始，逐渐就会找到属于自己的"快—好—美"的路径。至此，PPT 就真正成为您得心应手的工具。最后，你很可能也会成为"PPT 极简主义者"。这种"简"是建立在对内容的深刻理解和对自我表达有足够自信的前提下的。

20 余年的培训经验，让我更清晰地看到对于并非从事广告设计相关专业的用户来说，如果刚开始用 PowerPoint 就希望能立刻做出"设计感强"和"美"的幻灯片，这很容易让用户在学习 PowerPoint 的路上半途而废。正如我前面所说，先"快"，再"好"，最后达到"美"，才是真正有效地学习 PowerPoint 的路径。

最后，感谢本书的编辑秦甲老师，如果没有她的鼓励和支持，我也不会动手把这本书完成。有了这本书，不仅让上过我课的学员能时常复习巩固，也能够为更多看过"惊艳"的 PPT 后就不敢进门的学习者指出一条学习 PPT 的捷径。

在本书的编写过程中，得到了很多朋友的帮助，参与编写的人员有窦珺、马彩秀、廖雪敏、张湘玲、廖武英、马丹、张凤英、胡欢欢、邹姣龙、曹倩、洪小勤、窦正安等。在此表示衷心的感谢！除了上述人员，这本书能够得以出版，我最想感谢的是我这 20 余年培训生涯中千千万万的学员，正是因为通过与学员们不断地沟通，一次次听他们跟我讲述在工作中遇到的问题，让我对 PowerPoint 在不同行业中的应用场景得到了充分的了解。

我衷心地希望，借由本书，让每一位读者都能够找到 PowerPoint 的学习之道。

话不多说，开始学习吧！

推荐语

专注 Office 领域这么多年仍然充满热情和创意，十几年来，每一期课程都让我们的学员在"啊？噢！"中开始，在笑声中结束，棒棒的，张卓老师！

——中智上海经济技术合作公司　培训部经理　许晓晖

上过张卓老师的课，才知道 Office 的课堂可以如此有趣、有料。张卓老师实在太懂我们的痛点，用幽默、凝练、通俗易懂的语言和魔术般的示范将实用的技巧转化为一个个记忆点，让学员轻松掌握，提升效率。

——施维雅制药　张培

和张卓老师在 Office 企业培训领域合作多年，张老师的授课风格深受学员的喜爱，张老师不仅讲解 PPT 操作技巧，更会给学员们讲解软件背后的使用逻辑。本书的读者可以边看书，边扫描章节旁的二维码，跟随视频进行操作练习，这种学习方式更加高效，同时也看出了作者的用心。

——卓弈机构董事长　杜平

SPX
COOLING TECHNOLOGIES

　　无须太过烦琐的操作，也不需要太过夸张的动画，张老师用简单实用、诙谐有趣，与实际工作高度契合的教学方式，帮助我们解决了工作中所面临的众多棘手的问题，让整个财务团队的工作效率大幅提高。张卓老师会让你迅速成长为一位拥有 Office 优秀技能的高级人才。

　　——斯必克中国投资有限公司 高级财务经理　于芳

　　张卓老师用通俗的语言，将 PPT 的使用方法化繁为简，让每一位职场人都能够轻松高效地驾驭。

　　——职业摄影师、摄影知识传播者　贾树森（大树）

目录
CONTENTS

第 3 章　这样"保存"幻灯片再也不会丢 /35

第 4 章　图形和图片的处理技巧 /41

第1章　没有练习却无比重要的学习忠告

首先问正在阅读本书的你第一个问题：平常最经常用PPT来做什么工作？

可能有人会说演讲时会用PPT。企业员工会用PPT做汇报，给客户讲述公司的产品，还有一些人跟我一样，因为培训所以才经常使用PPT做课件，不管怎样，PPT是日常工作中不可或缺的一个软件，在正式与读者们分享PPT的使用技巧之前，我要跟大家聊聊什么叫"PPT的神话"。这非常重要，请大家看如图1-1和图1-2所示的幻灯片。

图1-1所示是某手机厂商在产品发布会的时候播放的PPT，看上去非常炫酷。图1-2所示是微软公司创始人比尔·盖茨先生某次演讲时使用的PPT。这些PPT都设计得十分精美，特别适用于大型发布会，这些PPT之所以能够让人耳目一新，有一个非常重要的原因，那就是PPT中的图片都是由专业摄影师拍摄，再由专业平面设计师精心设计的，就连文字所用的字体也都是单独设计的。那么，PPT起到了什么作用呢？PPT起到的最关键的作用就是"全屏放映"，简单地说，就是把设计好的图片插入幻灯片中，再做一些动画，最后全屏播放。如果以上设计效果都能用PPT做到，那还要Photoshop这类软件干什么呢？

 图1-1　新品发布会PPT

图1-2　比尔·盖茨用过的PPT

1.1　PPT这个软件到底能做什么

总体来说，PPT这款软件在使用上并不复杂，许多看似复杂的图形设计都是经过以下这些操作，再经过组合以及调色得到的，正如接下来分享的内容。

1.1.1　插入各种形状

各种形状的拼接又能组合成更多的形状，例如图1-3所示的这些形状。

千变万化的形状

图1-3　用PPT制作的图形

在图1-3中，左上角绿色的形状特别像一张被折叠过的纸；再看右下角，有个摄影机的形状。其实这些形状在PPT自带的图形中是没有的，它们都是被组合出来的，这又是如何做到的呢？看图1-4大家就都明白了。

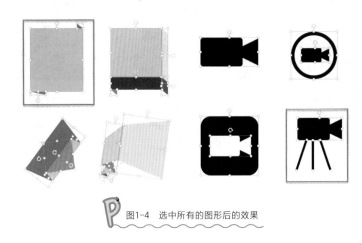

图1-4　选中所有的图形后的效果

从图1-4中可以看到，左上角绿色的图片是由一个绿色的长方形和两个深绿色的三角形组合而成的，看上去有了一种立体的效果；再看右下角摄影机的图像，它是由一个长方形、一个三角形，再加3个被调整过的矩形组合而成。

越来越多的PPT使用者会搜索和保存各种类型的PPT模板。绝大多数模板中都包含各种图形组合而成的图示，也有精致的图表，以最常见的PPT模板中的一个立体球形为例，如图1-5所示。

更改　　更改阴　　添加
颜色　　影类型　　文本

图1-5　PPT模板中的圆球图形

PPT本身是没有办法直接生成这个立体的球形图的，那它是怎么做的呢？来看图1-5右边这个图就知道了。想做成这样一个球形，过程是比较复杂的，具体步骤如下。

1. 插入一个圆形，把填充颜色改为图中的颜色。

2. 在这个圆中插入一个白色的圆形。

📺 3. 将白色的圆形背景色设置为半透明。

📺 4. 在白色的圆中再插入一个小一点的圆形，将背景色也设置为白色，再设置一点点透明度，还要把边框设置成无色并且虚化，一个"高光"的效果就出现了。

📺 5. 在图形中插入文本框。

📺 6. 在圆形的底部插入一个灰色的椭圆，同时把边框设置为无色并柔化边缘。

　　由此看来，一个看似简单的球体，用PPT做起来还是很费时间的。

1.1.2 插入艺术字

　　在PPT中可以插入艺术字，但不是所有炫酷的字体都是PPT自带的艺术字体，例如图1-6中的艺术字体就不是通过PPT的插入艺术字功能创建出来的。

　　它是由每一个字母和众多五角星组合而成的，因此，如果想做出如图1-6中的效果，就得单独找到图中的数字和字母图片，然后，分别插入这一页幻灯片中。

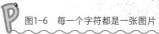
图1-6　每一个字符都是一张图片

1.1.3 处理各种图片

　　PPT除了能够创建各种形状外，还能够为插入进来的图片设置各种效果。如图1-7中左图所示的PPT可以把图片填充成一个桃心的形状，也可以如图1-7右图所示，把图形填充在蜂窝的形状中，这些都是可以通过PPT直接做出来。

各种不同的图形的处理方式

图1-7　设置为不同格式的图片

1.1.4 直接绘制自定义形状

　　使用PPT中的线条来绘制图形。如图1-8所示，在这张幻灯片中，"汽车""东方明珠塔"，还有"金茂大厦"，都是在PPT中插入线条，然后，一条条拼接而成的，这还是比较耗时的。

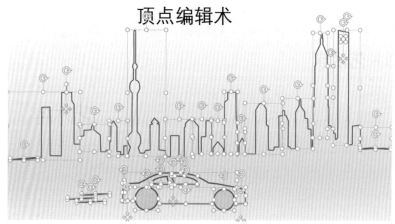

图1-8　用线条绘制的图形

　　最后来看图1-9所示的幻灯片，这张图片是一个漫画人物，你可不要以为这是在PPT中插入的图片，这其实是由无数个图形组合拼接而成的，如图1-10所示。

图1-9　这不是卡通图片

图1-10　用无数图形拼接成的卡通图片

1.2　从软件的特点和功能入手学习

通过上面几个例子，我希望大家了解，使用PPT有一个误区——并不是看上去非常好、非常炫的图形都能很轻松地制作出来，实际可能会恰好相反，大多数都是费时费力的。如果你仔细观察，还会发现，上述分享的例子如果换到Word、Excel或者WPS中也都能完成，因为，无论是图形的拼接，还是图形的组合，它们都源自"插入"｜"形状"这个功能，在"形状"里找到需要的形状后，再给这些形状选择背景色和线条颜色，还可以为这些形状进行顶点的编辑，使其变成任意用户想要的形状，这个功能并不是PPT独有的。如图1-11所示，Word、Excel中也有"插入"｜"形状"功能。所以，读者在学习整套Office软件的时候，一定要先从全局上了解这些软件到底最适合做什么。

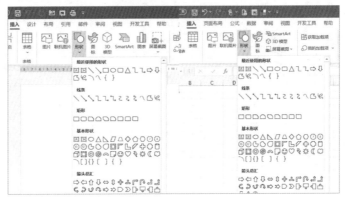

图1-11　Word和Excel中都有"插入"｜"形状"功能

当把Office软件中的Word、Excel和PPT的菜单截图后组合在一张图中时，就能很容易看到这3个常用软件的特点。如图1-12所示，最上面的是Excel的菜单，中间的是Word，最下面的是PPT，这样在对比状态下，很容易看到"文件""开始""插入""审阅"和"视图"这5项是3个软件都有的功能，那些不相同的菜单项恰恰说明了每一个软件独有的核心功能和特点。例如：

- Excel独有的菜单是"公式"和"数据"，数据分析是Excel最强大的功能，同时，整理数据的时候，还会用到大量的公式和函数。
- Word独有的菜单是"引用"和"邮件"，在Word中除了把文档写完之外，还要生成目录、制作页眉页脚、插入脚注尾注，而这些都是从文档中直接"引用"出来的信息，"邮件"菜单是"邮件合并"功能，可帮助用户通过数据库的导入批量生成文档或者群发邮件。
- PPT与其他软件不同的菜单有"切换""动画""幻灯片放映"，这很好理解，幻灯片创建完成后是要"放映"的，而"放映"的时候需要不断"切换"幻灯片，"切换"是在PPT 2010以后的版本中才独立成一个菜单的。在PPT 2010以前的版本中，"切换"功能在"动画"菜单中，"动画"是PPT里最有特点的功能，你甚至会看到很多高手的幻灯片在放映时会让观众分不清到底是"动画片"还是PPT。本书也会有专门的章节讲解动画，但是，我并不希望大家把太多的时间消耗在"动画"上。在第8章中我们会详细介绍动画的原理，并且教会读者怎样用尽量简单的方式来做出想要呈现的效果，甚至有时候不需要真的创建动画，仅仅通过"切换"也能够让幻灯片在放映时产生"动画"的效果，这样，还能节省大量的时间。

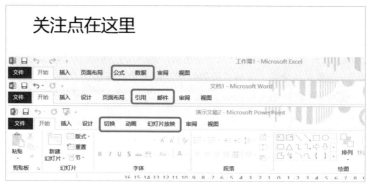

图1-12 Excel、Word、PPT菜单对比

1.3 高效制作观点清晰的PPT

写这本书的初衷是希望大部分读者能够高效地制作观点清晰的PPT，本书并不会用大量的篇幅来讲解如何"拼"一个复杂的形状，做一个费时的炫酷动画效果，更多的是希望读者学会使用PPT中真正能够提高制作效率的功能。我多年的企业培训经验表明，在创建PPT幻灯片时，第一要"快"，第二要"好"，第三才是"美"。从学习软件的角度上看，本书能够帮助大家做到的是从"高效"到"好"，能够在文字、图形、图片的排版上做到高效，同时，又能够用相对简单的方式实现炫酷的动画和切换效果。切莫把PPT当作简单版的Photoshop来用。而从"好"到"美"就不仅仅是看书能够学习的了，还要学习更多和平面设计、摄影相关的专业知识。接下来，让我们正式进入PPT的学习吧。

第2章　幻灯片版式
和高效文字输入

　　"幻灯片版式"是学习PPT必须要了解的"功能"，与其说版式是"功能"，不如说它是一个概念，绝大多数的PPT用户并不清楚"版式"是什么。本节会对"版式"的特点做详细的说明，但是真正用到"版式"的功能会在后面第7章关于"母版"这个章节中。

2.1　幻灯片版式

　　每当打开PPT软件新建幻灯片的时候，出现的第一页幻灯片都是"标题幻灯片"，这个幻灯片所用的版式就叫作"标题幻灯片"版式，在"标题幻灯片"版式中，有两个占位符，这两个占位符中分别有"单击此处添加标题"和"单击此处添加副标题"这样的文字提醒，如图2-1所示。那么什么是"占位符"呢？在下一节就会做详细讲解。

图2-1　"标题幻灯片"版式

　　要插入一页新的幻灯片，一种方法是用鼠标选中左边幻灯片预览区域中的标题幻灯片，然后按一下键盘上的Enter键，这样一张新的幻灯片就插入进来了，如图2-2所示。

图2-2　单击左边小幻灯片新建幻灯片

另一种方法是单击"开始"｜"新建幻灯片"按钮，同时在"新建幻灯片"的下拉菜单中还可以选择一种版式，如图2-3所示。

图2-3 使用"开始"功能区新建幻灯片

然而，恰恰是"版式"让很多人有疑惑，许多人都会有这样的动作：每次新建一页幻灯片后，第一件事情是用鼠标选中幻灯片里面的"框"，然后单击"删除"按钮把它们都删掉，如图2-4所示。接下来要写文字的时候就单击"插入"｜"文本框"按钮，"文本框"插入进来以后，再在文本框里面输入文字，如图2-5所示。

图2-4 选中"框"并删除

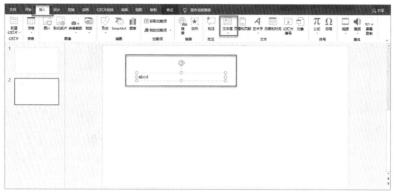

图2-5 插入文本框

在幻灯片里面把那些"框"删除后，是否就意味着下次新建幻灯片的时候就没有"框"了呢？当然不是。当再次新建幻灯片的时候，你会发现，刚才删除的"框"在新建的幻灯片中再次出现了，如图2-6所示。这真是很纳闷，难道每次新建幻灯片都要重复这个操作吗？

图2-6 新建的幻灯片中仍然有"框"

当然不是！

单击"开始"|"版式"按钮，在"版式"按钮的下拉菜单中可以看到，PPT中有11个默认版式，"标题幻灯片"后的版式是"标题和内容"版式，如图2-7所示。

幻灯片版式有一个特点，那就是在所有的版式中，只有"标题幻灯片"版式是不能"传递"的，举个例子，在左边幻灯片预览区域选中一张"标题幻灯片"版式的幻灯片，按下Enter键新建下一页的时候，新建的幻灯片版式会自动变成"标题和内容"版式。但只要在预览区域选中的版式不是"标题幻灯片"，无论怎么新建幻灯片，它接下去的版式都是复制前一张幻灯片的版式，如图2-8～图2-10所示。新建的幻灯片版式都是"标题和内容"版式。

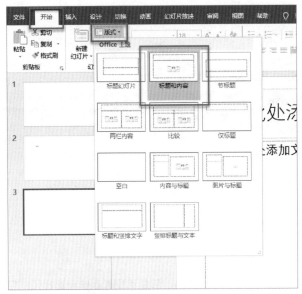

图2-7 "标题和内容"版式

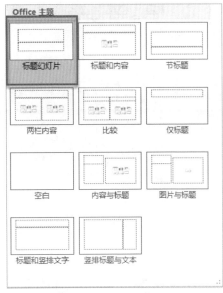

图2-8 "标题幻灯片"版式

图2-9 "标题幻灯片"版式不具备传递性

图2-10 其他版式有传递性

如果像大多数人一样，把"标题和内容"版式中间的"框"删除，那是不是就意味着选择了"空白"的版式呢？显然不是这样的。你看，把"标题和内容"里面的"框"删除以后，再次单击上方"版式"的下拉菜单，会发现幻灯片的版式依旧定位在"标题和内容"这个版式上，如图2-11所示。也就是说，即便把"框"删掉了，再新建幻灯片时依然会看到"标题和内容"这个版式里面的这些"框"，如图2-12所示。

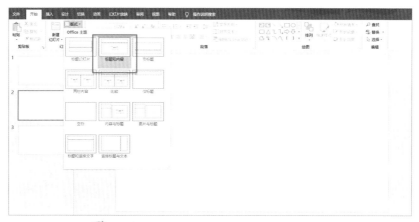

图2-11 删去"框"后版式依旧定位在"标题和内容"

如果希望每张幻灯片都是空白页，就在"版式"下拉菜单中直接选择"空白"版式，接下来再通过按Enter键新建出来的幻灯片就都是"空白"版式了，如图2-13和图2-14所示。

图2-12 再新建幻灯片依旧会有"框"

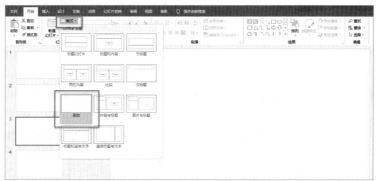

图2-13 选择"空白"版式

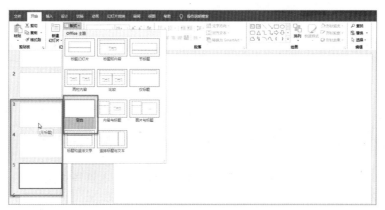

图2-14 选择"空白"版式后,再按Enter键新建的幻灯片都是"空白"版式

　　之所以是"空白"版式，是因为除了"标题幻灯片"版式以外，其他版式都是可以传递的。那么，如果把其中某一张幻灯片的版式改为"两栏内容"版式，接下来继续往下新建出来的幻灯片版式就都是"两栏内容"版式了，如图2-15和图2-16所示。

图2-15　选择"两栏内容"版式

图2-16　新建的幻灯片都是"两栏内容"版式

　　在前面一节中提到的在幻灯片中默认出现的"框"叫作什么呢？这些默认出现的"框"与"文本框"之间又有什么区别呢？

2.2 文本框和占位符

这个"框"在PPT中叫作"占位符","占位符"和绝大多数人常用的文本框之间有什么区别呢？在新建幻灯片时，在"开始"｜"版式"中选择的任意有"框"的版式中的"框"都是"占位符"，"文本框"是通过执行"插入"｜"文本框"功能才能出现的，如图2-17和图2-18所示。

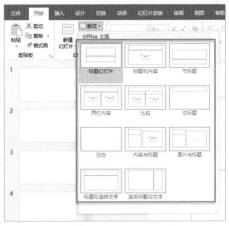

图2-17　占位符

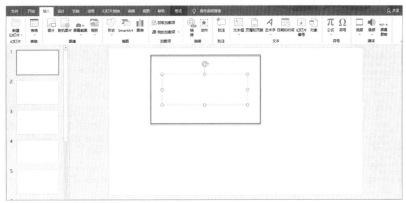

图2-18　文本框

"占位符"和"文本框"的区别在哪里呢？通过以下案例来说明。这里有一张写满了文字的幻灯片，每一张幻灯片里面的文字都是写在"占位符"里面的。有一个很简单的方法能够看出来文字是写在"占位符"里还是写在"文本框"里，单击"视图"｜"演示文稿视图"｜"大纲视图"按钮，这时可以看到幻灯片左边的预览区域不见了，取而代之的是幻灯片中的文字。出现在"大纲视图"里面的文字就是输入在"占位符"里的文字，如图2-19所示。

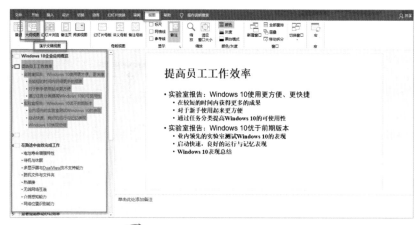

图2-19 幻灯片里的字都在大纲里面

在刚才所举例子中的第3张幻灯片如图2-20所示，看上去其里面的文字都写得好好的，一旦到了"大纲视图"就会发现，第3张幻灯片在"大纲视图"中没有显示任何文字信息，这就说明这张幻灯片里的文字是输入在"文本框"里的。

图2-20 "文本框"里的文字不在"大纲视图"中显示

可见，"占位符"里的文字在"大纲视图"里面能显示，而"文本框"里的文字在"大纲视图"中是不能显示的，这就是它们的区别。

这时问题来了，把文字写在"占位符"或"文本框"里面对使用PPT有什么影响呢？主要有以下两点影响。

第一，可以直接通过"大纲视图"复制幻灯片中所有的文本信息。

曾经有一个学员问我这样一个问题，他希望能够把一套幻灯片（80多页）里的文字都提取出来，一页一页地复制粘贴文字实在是既费时又费力，而如果把幻灯片选中，将其直接复制到Word里，又会发现，这个操作并不是把幻灯片里面的文字复制到Word里，而是把幻灯片当作一个对象嵌套在了Word里。此时最好的方法就是，单击"视图"│"大纲视图"按钮，用鼠标选中出现在"大纲视图"中所有的文字，就可以一次性把所有的文字都复制出来了，如图2-21所示。

图2-21　通过大纲视图提取幻灯片里面的文字

这位学员回去尝试后发现，当他选择"大纲视图"后，在"大纲视图"中居然一个字都没有，这是为什么呢？这说明他需要复制的这套幻灯片中的文字并没有输入在"占位符"里，而是输入在"文本框"里了。

所以，在创建文字型的PPT的时候，尽量还是把文字写在"占位符"里，将来要提取整套幻灯片里面的文字就很简单了。

第二，把文字写在"占位符"里的优势是：只需要在"母版"里面调整对应"占位符"的格式，整套幻灯片中相同版式幻灯片对应的文字格式都会被统一修改。在后面第7章学习"母版"的时候就会知道"占位符"能派上大用场。

2.3 这样处理文字最高效

怎样做到高效地输入呢？从文字的处理开始说起。掌握了以下关于文字的调整方法，就能够让我们更加高效地进行文字格式的调整。

2.3.1 字号

如图2-22所示，在幻灯片中输入文字信息后，要放大字号该怎么做呢？这还用说吗？绝大多数人都是先把文字选中，接着在"开始"|"字体"栏里选择"字号"数值，如果没有合适的字号，就需要自己手动输入数值。

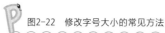

图2-22　修改字号大小的常见方法

想要更便捷地调整字号，不需要在"字体"|"字号"里输入数值，可以把需要更改字号的文字选中，然后按Ctrl+[或Ctrl+]组合键，按Ctrl+[组合键是缩小字号，按Ctrl+]组合键是放大字号，如果你正在计算机旁边阅读这一章节，不如赶紧打开你的PPT试一下，这样，以后在调整字号的时候，就可以"所见即所得"了。

2.3.2 英文大小写

在输入完"Microsoft Office Excel"后，怎样能够快速地将它们都转换为英文大写的形式呢？或者转换成每个单词首字母大写的形式呢？先把需要调整大小写的英文单词或者句子选中，执行"开始"|"字

体"|"更改大小写"命令，选择"句首字母大写""小写""大写"，甚至还可以选择"每个单词首字母大写"，如图2-23所示。

图2-23　更改大小写命令

那么，调整英文大小写有没有快捷键呢？有，连续按Shift+F3快捷键，第1次是全大写，第2次是全小写，第3次是句首字母大写。可惜的是，按Shift+F3组合键不包括"每个单词首字母大写"。所以，如果要将英文句子调整为"每个单词首字母大写"的状态，还是需要单击"开始"|"字体"|"更改大小写"按钮，在下拉菜单中选择"每个单词首字母大写"。

2.3.3 中英文混排

如果在PPT文档里面既有中文又有英文，怎样才能一次性设置好中英文字体呢？是一次性全选文字，然后在"字体"栏里面选择需要的中文字体"华文行楷"吗？如果是这样的操作，你会发现，虽然中文字体已经是想要的状态，但是英文字体也随即改变了，遇到这种情况，大多数人还是会单独选中英文部分，再重新选择一次英文字体，如图2-24所示。

图2-24　中英文字体都变成了华文行楷

跟大家分享一个一次性同时更改中英文字体的方法。首先，把需要更改字体的文字选中，单击"开始"｜"字体"栏右下角这个小箭头，如图2-25所示。或者对选中的文字右击，选择"字体"命令，在弹出的"字体"对话框中可以看到能对中文字体、西文字体分别进行选择，如图2-26所示。对中文字体选择"华文行楷"，对英文字体选择"Arial Unicode Ms"，改好后，单击"确定"按钮，这样就一次性把中英文字体分开设置了，如图2-27和图2-28所示。

图2-25 从"开始"功能区打开字体设置

图2-26 选中文字后右击，打开"字体"对话框

图2-27 中文、西文字体可以分开设置

图2-28 设置后中英文字体不一样

2.4 自动更正选项的原理和应用

"缩略输入经常使用的文字"可以极大减少我们重复输入的时间，这个功能其实在Office的每一个组件中都能用得到。

2.4.1 自动更正选项

在输入完"Office"的时候，希望后面有一个注册商标的图标"®"，要如何输入呢？有学员跟我说，为了输入这个图标，会先画一个"○"，然后在里面输入"R"，这样做不仅麻烦，而且效果也不好。教给大家一个更快的方法，先输入"Office"，然后紧跟着输入一个左括号"("（英文输入法/半角），接着输入"R"，最后输入右括号")"，注册商标的标志"®"就出现了。

如果需要输入表示版权的标志"©"，可以用同样的方法，先输入左括号"("，紧接着输入"C"，最后输入右括号")"，就会出现"©"了。同样的原理，"™"这个表示"Trade Mark"的标志通常在品牌名称的右上角出现，这个"™"要怎么输入呢？先输入"("，然后输入"tm"，最后输入")"，"™"标志就又神奇地自动出现了。而且是自动调整为上标的方式。

以上这些"神奇"的变幻就是Office里面常见的"自动更正功能"。这个功能在我们日常工作中是经常会被无意间使用的，例如，当输入一个网址后，网址就会自动变成蓝色字体并且有下划线的链接形式，如图2-29所示。

什么是"自动更正"呢？这个功能在哪里呢？执行"文件"|"选项"命令，如图2-30和图2-31所示。在弹出的"PowerPoint选项"对话框中，在左边的导航栏中选择"校对"，在"校对"中单击"自动更正选项"按钮，在弹出的"自动更正"对话框中就可以看到下方的"键入时自动替换"区域，在列表中可以看到"(c)"会自动替换成"©"，输入"(e)"就会替换成"€"（欧元标志）。不过，欧元标志只有在Office 2010以上的版本中才有，如图2-32和图2-33所示。

图2-29 常见的自动更正项

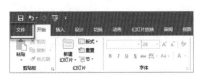

图2-30 单击"文件"功能区

图2-31 选择"选项"

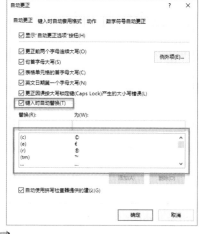

图2-32　打开"自动更正选项"

图2-33　"键入时自动替换"的区域及替换内容

　　单击"自动更正"对话框上方的"键入时自动套用格式"选项卡，在这里有"Internet和网络路径替换为超链接"选项，这就是为什么每次输完网址或者E-mail地址以后，输入的内容就会显示为超链接（文字字体变为蓝色并且有下划线）。如果把这个复选框取消，再输入网址或者E-mail就不会自动更正为链接的形式了，如图2-34所示。

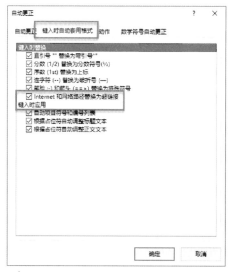

图2-34　Internet和网络路径替换为超链接的原因

2.4.2　缩略输入经常使用的词、句子和符号

　　在了解了"自动更正"的原理后，就可以利用它来帮助缩略输入经常使用的信息了。例如，我经常需要在文档中输入"Microsoft Office Excel"这个短语，我会把之前就输入在PPT文档中的"Microsoft Office Excel"选中并复制，然后选择"文件"|"选项"命令，在弹出的"PPT选项"中选择"校对"，在"校对"里面选择"自动更正"选项，在下方的"键入时自动替换"表格中把刚才复制的内容粘贴到"为"里面，接着在左边"替换"栏里输入"ME"，这就意味着，只需要在幻灯片中输入"ME"就能自动替换为"Microsoft Office Excel"了。最后，单击下方的"添加"按钮，再单击"确定"按钮退出。这样就完成了一个自定义的自动替换，如图2-35所示。

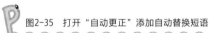

图2-35　打开"自动更正"添加自动替换短语

　　下一节我们来学习项目符号和编号以及上下两个字对不齐的真正原因。

2.5　项目符号和编号是这样用的

　　要想完全掌握PPT文字输入，请记住两个字："字"和"段"。前面介绍的是"文字"的输入技巧，接下来就是"段落"。

2.5.1 设置项目符号

在PPT中输入文字的时候会有这样的情况：当用鼠标单击文字占位符时，会发现光标左边出现了一个小黑点，这个小黑点就是项目符号，有时候它可以转变成数字编号，如图2-36所示。

项目符号和项目编号在哪里设置呢？单击"开始"｜"段落"｜"项目符号"按钮，在下拉列表中可以选择需要使用的项目符号，如图2-37所示。紧挨着"项目符号"右边的叫作"项目编号"，在"项目编号"中可以选择各种想要的数字编号或者字母，如图2-38所示。

图2-36 项目符号和项目编号

图2-37 项目符号的样式

图2-38 项目编号的样式

2.5.2 项目符号的升降级

直接输入文字时，文字左边出现的黑点就是项目符号，当输入完文字后，按一下Enter键换到下一段，这个黑点又自动出现了，如图2-39所示，你可能会觉得这么简单的内容为什么还要特别说明呢？别着急，后面你就会知道这样一个简单的操作，其实并不是想象中那样简单。

图2-39 项目符号会自动出现

有时候当我们把一段字写完后，接下来的文字需要降级作为二级标题，这个操作要怎么做呢？单击"开始"|"段落"|"提高列表级别"，图标就自动降级了，然后就可以输入这一个级别的文字了。文字输入完成后，再按Enter键的时候，你会发现接下来的文字都位于第二级了，如图2-40所示。

图2-40 提高列表级别

当输完第二个级别的内容后，想返回到第一级又要如何操作呢？可以单击"开始"|"段落"|"降低列表级别"按钮，如图2-41所示。单击"降低列表级别"按钮后，就升到第一级了。

图2-41　降低列表级别

升降级的操作是有快捷键的，当把第一级别的文字输完以后，按下Enter键，接下来的文字默认还是同级别（第一级别），如果想要降级怎么办呢？当项目符号还是灰色状态的时候，只要按下键盘上的Tab键，这样就降级了。再按Enter键就会发现接下来的文字都是第二级别了。如果想继续降级就再按一下Tab键，这样就可以到第三级别了，如图2-42所示。

图2-42　使用快捷键继续降级

提醒：降级的快捷键是Tab，升级的快捷键是Shift+Tab。

那么项目符号是否可以修改呢？如果希望使用自定义的项目符号要如何操作呢？

2.5.3 自定义项目符号

项目符号也可以修改，只需要把文字选中，单击"开始"｜"段落"｜"项目符号"按钮右边的下拉菜单，选择"项目符号和编号"，如图2-43所示。把"项目符号和编号"对话框打开以后，单击右下角的"自定义"按钮，可以选择里面的任意一个图标作为项目符号，例如，选择"√"，然后单击"确定"按钮。在"项目符号和编号"对话框左下方单击"颜色"按钮，选择"绿色"。最后单击"确定"按钮，如图2-44～图2-47所示。

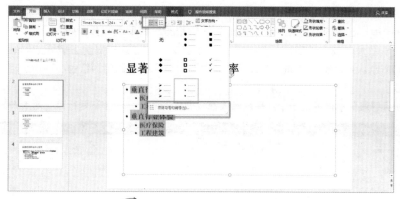

图2-43　打开"项目符号和编号"

图2-44　单击"自定义"按钮

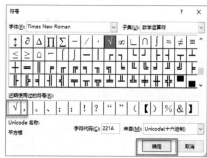

图2-45　选择"√"

图2-46　为项目符号选择颜色

图2-47　更改后的项目符号

也可以使用图片作为项目符号，同样的方法：单击"项目符号和编号"，在弹出的"项目符号和编号"对话框中单击右边的"图片"按钮，如图2-48和图2-49所示。在"插入图片"中可以选择"来自文件""联机图片"或者"自图标"，选择"来自文件"，选择提前下载好的"红色小圆环"图标，如图2-50所示。最后单击"插入"按钮，此时项目符号已经调整为红色小圆环图标了，如图2-51所示。

讲到"项目符号"不得不说一个几乎所有人都会遇到的问题——上下两行首字对不齐。

图2-48　打开"项目符号和编号"

图2-49　用图片作为项目符号

图2-50　"插入图片"中的选项

图2-51 项目符号被调整为红色小圆环

2.6 上下两行文字总是对不齐的原因

有人写完下图这段文字后，希望文字从"所"字开始换行，换行要怎么做呢？很多人会说直接按Enter键就好了，但是，如果按Enter键换行，新的一行左边会出现项目符号，如图2-52所示。

其实，写完文字后按Enter键这个操作在PPT中不是"换行"的意思，而是"换段"，正因为"换段"了，所以黑点（项目符号）才会出现。"项目符号"是一个新的段落开始的标志。如果要"换行"应该怎么做呢？绝大多数人是这么做的：先按Enter键，然后看到下一行最前面有一个"黑点"（项目符号），想都没想就把"黑点"删掉，接着上下两行首字就对不齐了，于是就希望通过按空格键的方式进行对齐，可是，当用空格的时候又会发现，这个上下两行的首字根本无法对齐。为什么会这样呢？

图2-52 按Enter键换行后会有黑点

2.6.1 换行：Shift+Enter

原来，按Enter键在PPT中并不是"换行"的意思，而是"换段"。"换行"到底怎么做呢？换行的操作是按Shift＋Enter组合键，如果用Shift＋Enter组合键进行换行，上下两个首字就一定会对齐了，如图2-53所示。

图2-53 用Shift+Enter组合键换行后，首字对齐了

2.6.2 换段：Enter

按Enter键即换段。按下Enter键后，文字前面就有项目符号（黑点）出现了，还记得吗？项目符号的设置出现在"开始"｜"段落"组里。

所以，在PPT中按Enter键表示换段，按Shift+Enter组合键表示换行。如果希望PPT里的文字对齐，一定记住是换行哦！

2.7 上下标文字的设置

在2.4节中我们了解到可以缩略输入特殊的符号，例如，在"Microsoft"后面输入一个"™"，经常有学员问我，如何在PPT中实现上下标文字的输入呢？比如这个"CO_2""m^3"，甚至还有一些特殊的公式，既有上标又有下标的情况，要怎么输入呢？如图2-54所示。

图2-54 如何输入上下标

例如，要输入CO_2和m^3，先输入"CO2"和"m3"，输入完成后，选中"2"，接着右击，选择"字体"，在弹出的"字体"对话框的左下角选中"下标"复选框，最后单击"确定"按钮，"2"就变成下标了，如图2-55和图2-56所示。同样，如果是立方米，就把"3"选中，右击，选择"字体"，在"字体"对话框中，选中"上标"按钮，单击"确定"按钮，这样"3"就自动成为上标了，如图2-57和图2-58所示。

图2-55 右击选择"字体"

图2-56 选择"下标"

图2-57 选择"上标"

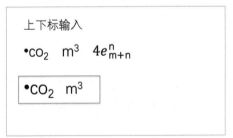

图2-58 下标和上标设置完成

$4e^n_{m+n}$这种既有上标又有下标的数学公式要怎么输入呢？用刚才上下标的方式是肯定输不出来的。可单击"插入"|"公式"按钮，如图2-59所示，在"公式"下拉菜单中选择"插入新公式"，选中PPT中出现的"在此处键入公式"，如图2-60所示，单击"公式"|"结构"|"上下标"按钮，选择第三项"上标-下标"，选中的区域就会出现3个虚框，如图2-61所示，单击左边的框，输入"4e"，然后在右

边上标的框中输入"n"，在下标框中输入"m+n"，最后单击旁边空白的区域退出编辑，如图2-62所示，这样就输入完成了。

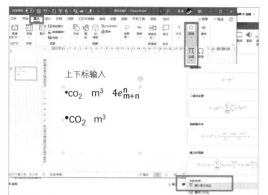
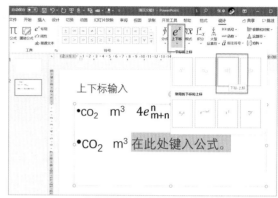

图2-59　插入新公式

图2-60　选择上下标的结构

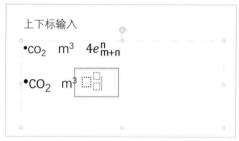

图2-61　按虚框的位置输入公式

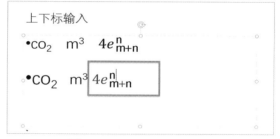

图2-62　输入完成后的公式状态

如果想输入更多有关数学或者化学的公式，都可以通过"插入"│"公式"功能区来进行输入。

本章详细讲解了在PPT中录入文字的技巧，接下来将详细介绍在PPT中插入其他对象的方法和技巧。

第3章　这样"保存"幻灯片再也不会丢

"保存"是非常重要的功能，很多人觉得"保存"不就是直接单击"保存"按钮吗？有什么好讲的呢？以往关于保存的问题，我的学生问得最多的就是：如果计算机突然断电或者死机了，好不容易做完的PPT没有保存怎么找回来呢？

3.1　断电、死机、未保存的PPT文档这样找回

　　这里给大家分享有关"保存"的技巧，选择"文件"|"选项"命令，在弹出的"PowerPoint选项"对话框左边的导航栏中单击"保存"按钮，在"保存自动恢复信息时间间隔"中将默认的"10"分钟改为"1"分钟，这样文档每隔1分钟就自动保存一次，如图3-1～图3-3所示。

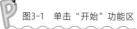
图3-1　单击"开始"功能区

图3-2　选择"选项"

图3-3 将自动保存时间改为1分钟

那自动保存的文件又放在哪里了呢？万一自动断电或者死机，要去哪里把自动保存的文件找出来呢？其实在"自动恢复文件位置"区域就有具体的路径，自动保存过的文件夹就都在这里，如图3-4所示。如果以后想找到自动恢复的文件，单击进入"PowerPoint选项"对话框后，把这个地址复制下来，然后打开"我的电脑"，把刚才复制的地址信息直接粘贴到上方的地址栏并按Enter键，如图3-5所示。接下来自动进入了另一个文件夹中，如图3-6所示。在这个文件夹里就可以找到最近一次恢复的文件，是不是很简单呢？

图3-4 复制地址

图3-5 把复制的链接粘贴到"我的电脑"的地址栏

图3-6 搜索到最近一次保存的文件

3.2 将字体与文件"打包"一起发送

　　还有一个被经常问到的问题：PPT里会有使用者各自下载的"特殊字体"，但是，这些字体在他人的计算机中并没有安装，因此，如果把文件直接发给对方，对方打开PPT时，这些特殊字体就会直接被转换成"宋体"，不仅效果不如自己计算机中显示得好看，更多的时候是影响了排版。那么，如何把字体和PPT文件绑定，保证任何人打开PPT文件都可以看到特殊字体呢？具体操作是这样的：单击"文件"｜"选项"，在弹出的"PowerPoint选项"对话框中左边的导航栏里面选择"保存"，在"保存"选项最下方可以看到"将字体嵌入文件"选项，说明可以将字体和PPT绑定在一起，选择第一项"仅嵌入演示文稿中使用的字符（适于减小文件大小）"，意思就是PPT文件用了哪些特殊字体，它可以把这些字体的安装文件嵌套在PPT文件里面，其他人用各自计算机打开这份PPT文件时，PPT就把嵌入在文件中的字体"悄悄地"安装在了这台计算机上，这样通过其他计算机打开这个文稿后也能看到源文稿的字体了，如图3-7所示。

仔细看，下面第2个选项是"嵌入所有字符（适于其他人编辑）"，意思是可以把当前PPT里所有字体都打包，如果嵌套所有字符，保存下来PPT文件就会比较大，所以，建议大家使用"仅嵌入演示文稿中使用的字符（适于减小文件大小）"。

图3-7 将字体和PPT绑定在一起的两种选项

如果希望收到PPT演示文稿的人能够预览整个PPT的内容，但又不可以修改幻灯片，有没有这样的操作？有，那就是把PPT文稿另存为PDF格式的文档。单击"文件"|"另存为"，选择"保存类型"为"PDF"，如图3-8所示。PDF是可以把文件图像化的格式，这样对方不仅可以看到文件的整体设计，而且任何信息都不能被修改，PDF文档还能够像PPT演示文稿一样进行播放呢。

图3-8 将文件存为PDF格式

第4章　图形和图片
的处理技巧

PPT是一个视觉化的软件，因此，我们在创建PPT的过程中，不单单需要文字，更多的时候用图片或者各种图形组合成的形状更能够让观众对内容有直观的了解。但是，在插入图片和图形的过程中，许多用户却把时间都用在了缩放、对齐等操作上，本章将重点讲解如何更高效地对图形和图片进行处理。

4.1　插入图片和对图片进行编辑

把图片插入PPT后就可以了吗？当然不是！怎样让插入PPT中的图片样式更美观，怎样对插入PPT中的图片做进一步的格式上的设定呢？其实，PPT中所有关于图片格式设定的操作的目的都是让用户又快又好地完成对图片格式的设定。

  ### 插入图片=插入&压缩图片

可能很多人并不了解"插入图片"和"复制图片"（或直接把图片"拖"到PPT里）有什么区别。图4-1所示是"插入图片"，图4-2所示是"复制图片"，用的都是同一张图片，肉眼看上去没什么差别，其实它们最大的区别是文件的大小，用"插入图片"的方式，整个文件大小约为845KB（依照片情况不同而不同）；用"复制-粘贴"的方式，整个文件的大小就有12.93MB，这张图片的原始大小就是12.9MB。通过对比可以看出，"插入图片"最大的特点就是能帮助用户把图片自动压缩，这样幻灯片就不会占较大内存，如果直接把图片复制、粘贴或者拖进PPT，幻灯片所占内存就会比较大，如图4-3所示。

图4-1　插入图片

图4-2　复制图片

图4-3　插入图片与复制图片的区别

　　总有学员问我，如果幻灯片里面的图片都是复制进来的，还有没有办法把图片进行压缩呢？可以选中图片，单击"图片样式"|"压缩图片"按钮，此时，幻灯片会把图片压缩，可以勾选"仅用于此图片"，如果不选择，就意味着"压缩图片"这个操作会应用于所有的图片。在"压缩图片"对话框下方，还可以选择分辨率，如果想让文件更小一些，就可以使用电子邮件，通常我会使用"Web"，最后，单击"确定"按钮，这样整个幻灯片里的图片就都被压缩了，如图4-4所示。

　　提醒：如果使用的是PPT 2013以后的版本，那么不论是"插入图片"还是"复制图片"，PPT都会自动把图片进行压缩。

图4-4 如何压缩图片

如果不想进行压缩怎么办呢？就希望在PPT里保持图片原始的大小，要怎么操作呢？单击"文件"｜"选项"，在弹出的"PowerPoint选项"对话框中，单击左边导航栏中的"高级"，在"高级"中有"图片大小和质量"的选项，勾选"不压缩文件中的图像"，这样不论用哪种方式把图片插入PPT中，图片都不会被压缩，如图4-5所示。

图4-5 "PowerPoint选项"对话框中关于图片大小的设置

不同种类的图片样式

当把图片插入PPT中以后，还有哪些操作呢？选中图片，在上方的"图片格式"功能区中有"图片样式"组，在这里可以选择对图片做各种各样设定好的格式化的调整，如图4-6所示。

图4-6 图片的各种样式

例如，"白色旋转"看上去像一张立体的图片，如图4-7所示。"棱台透视"有3D的效果，如图4-8所示。"柔化边缘矩形"则感觉边缘被柔化了，如图4-9所示。

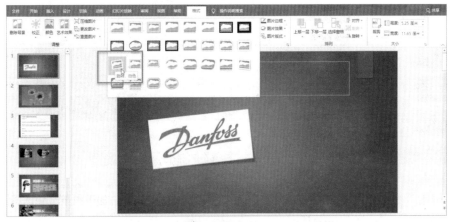

图4-7 白色旋转

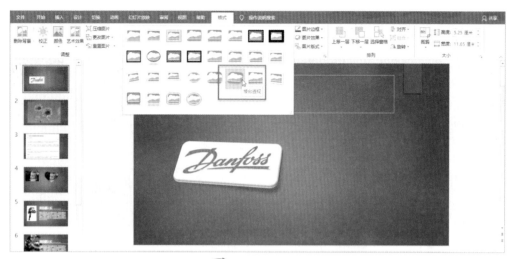

图4-8　棱台透视

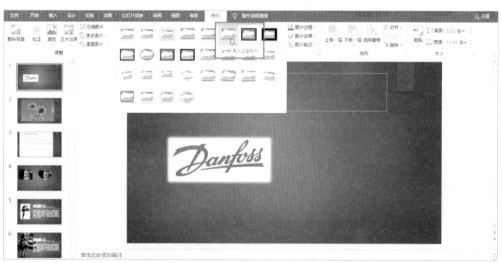

图4-9　柔化边缘矩形

如果想取消图片样式，则单击"图片"｜"重置图片"按钮，在右边的下拉菜单中选择"重置图片"，这样这个图片就还原到原始的状态了，如图4-10所示。

图4-10 如何还原图片

4.1.3 快速删除图片背景色

如果想把插入PPT中的LOGO图片的白色背景删除，要怎么做呢？单击"图片"｜"调整"｜"颜色"
按钮，在弹出的下拉菜单中可以对图片做各种"颜色""饱和度""色调"以及"重新着色"的调整。
在最下方单击"设置透明色"按钮，这时鼠标形态会变为"吸管"，接着单击图片白色区域，就可以把
图片的背景色删除了，如图4-11和图4-12所示。

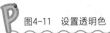
图4-11 设置透明色

图4-12　将背景色去除

如图4-13所示，这是一张有蓝天和向日葵的图片。如果想用"设置透明色"功能把蓝色天空删除，会发现大部分的蓝天被删除了，但是，还有一部分的蓝天没有被删除，如图4-14所示。

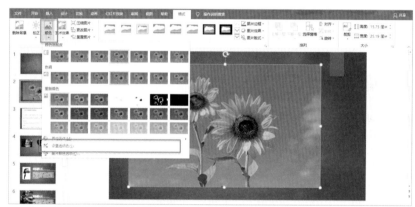

图4-13　设置透明色

图4-14　有部分蓝天不能被删除

　　也就是说，"设置透明色"只能针对单一背景色的图片，如果背景的颜色不单一，就不太适合用这个方式去删除背景了。如果一定要把蓝天和白云都删除，要怎么做呢？如果PPT能抠图就好了，其实还真可以。

　　在PPT 2010以后的版本中，新增了一个"删除背景"的功能，选中图片，单击"图片格式"功能区最左边的"删除背景"按钮，如图4-15所示，"删除背景"这个功能会自动识别图片中的"主元素"，如图4-16所示；变紫色的部分就是被自动识别并且删除的部分，如果有些部分不能被删除，还可以单击"背景消除"功能区下方的"标记要保留的区域"按钮，就可以在图片中勾勒出所要保留的区域，最后单击上方的"保留更改"按钮，这样图片的背景就被删除了，如图4-17和图4-18所示。

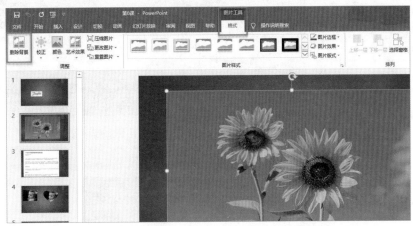

图4-15　删除背景功能

图4-16　自动识别主体

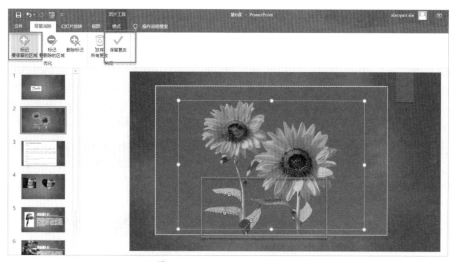

图4-17　手动抠选要保留的区域

图4-18　蓝天背景被删除

这里值得提醒的是，PPT毕竟不是专业的制图软件，这个功能并不能完美地把边缘抠出来，只是一个大概的截取，如果把图片缩小，基本还是看不出来的。

  屏幕截图

屏幕截图是PPT 2010以上的版本才有的功能。单击"插入"|"图像"|"屏幕截图"按钮，如图4-19所示。

图4-19 屏幕截图功能

这个屏幕截图功能是这样使用的，例如，要截取网页上的信息，首先打开需要截图的界面（网页），然后打开PPT（把PPT最小化后就是网页），单击"插入"｜"屏幕截图"按钮，单击下方的"屏幕剪辑"按钮，如图4-20所示。这时PPT会自动最小化，出现刚刚需要截取的网页界面，接下来就可以按住鼠标左键框选需要截取的区域，如图4-21所示，松开鼠标后界面就被截取出来了，如图4-22和图4-23所示。

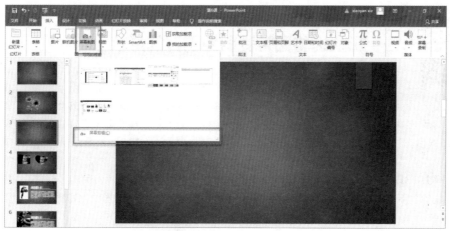

图4-20 打开屏幕剪辑

图4-21 最小化后出现要截取的界面

图4-22 框选所要截取的区域

图4-23 松开鼠标截图进入幻灯片

4.1.5 快速将图片裁剪为需要的形状

　　如图4-24所示，在PPT 2010之前的版本中，如果需要把左边这张图片裁剪为右边桃心的形状，操作过程是：单击"插入"｜"形状"按钮，先插入一个桃心的形状，接着选中"桃心"形状，单击"格式"｜"形状填充"｜"图片"按钮，然后选择需要填充到"桃心"中的图片等好多步操作，如图4-25所示。

　　在PPT 2013以上的版本中，这个操作变得很简单，选中要调整的图片，单击"格式"｜"裁剪"按钮，在"裁剪"下拉菜单中选择"裁剪为形状"，在这里依然选择桃心的形状，如图4-26所示。只需要单击几下鼠标，图片就自动被裁剪为桃心了，如图4-27所示。

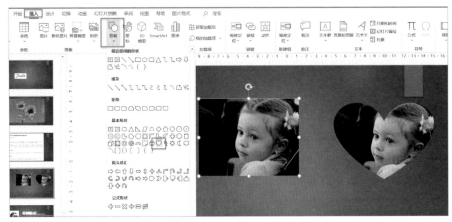

图4-24 先插入一个图形

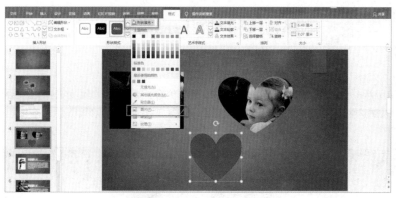

图4-25 用图片填充图形

图4-26 插入桃心形状

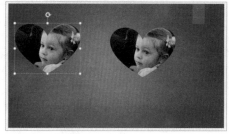

图4-27 一键裁剪图片

删除背景和裁剪应用举例

如图4-28所示，这是漫威动画人物"美国队长"的介绍幻灯片，看上去中规中矩，可以用前两节讲到的功能来对这张幻灯片中的图片进行设置，仅需短短几秒钟，效果就会大不相同，如图4-29和图4-30所示。

图4-28 较为普通的幻灯片

图4-29 修改后的效果1

图4-30 修改后的效果2

那么图4-29所示的立体的效果是如何设置的呢？其实这就是用"删除背景"的功能来完成的。首先选中图片，单击"图片格式"|"删除背景"按钮，这样图片后面的白色背景就被删除了，但是，这样做，图片中间其他有白颜色的部分也会被删除，因此，还需要单击"背景消除"|"标记要保留的区域"按钮，把那些误删除的区域全部还原，再单击上方的"保留更改"按钮，如图4-31所示。最后，拖动图片的顶点，将图片进行放大，完成！

图4-31 删除背景

　　图4-30所示的效果又是如何做的呢？估计你也猜到了，首先选中这张图片，单击"格式"｜"裁剪"按钮，选择"裁剪为形状"中的"平行四边形"，如图4-32所示，再拖动图片的顶点，将图片进行放大，完成！最后，选中图片，单击右键，选择"置于顶层"，这样刚才看到的效果就出现了，如图4-33所示。

图4-32 裁剪图像

图4-33 将图片放大并置于顶层

 4.1.7 联机图片——快速下载自己需要的图片

　　除了插入计算机中已有的图片之外，PPT还提供了插入"联机图片"的选项，让使用者能够直接搜索图片并插入PPT中，省去了打开浏览器进行搜索后再复制粘贴的过程。例如，需要下载一张"沙滩"主题的图片，单击"插入"｜"联机图片"按钮，PPT提供的是微软必应（Bing）搜索引擎，而且已经把图片做了分类，如图4-34所示。直接用鼠标单击需要的分类或者输入关键字进行搜索，根据刚才的需求，单击"沙滩"并找到中意的图片，最后单击下方的"插入"按钮，这样图片就直接被插入幻灯片中了，如图4-35所示。

图4-34 使用联机图片

图4-35 选中图片后单击"插入"按钮

4.1.8 制作相册

通过"插入"│"相册"│"新建相册"功能，可以很快创建一个PPT相册，在弹出的"相册"对话框中，单击"文件/磁盘"，找到需要插入的所有图片，一次性把这些相片都选中，单击"插入"按钮，如图4-36所示。这里需要提醒的是，最好把需要放在相册里的照片全部放在同一个文件夹中，这样更方便一次性选取。接着在"相册"对话框中选中任何一张图片，调整它的位置，也可以调整相册的版式，例如，"2张图片"；还可以选择图片的"相框形状"，如图4-37所示。也可以选择一个已有主题，如选择一个叫"Gallery"的主题，然后单击"选择"按钮，接下来只要单击下方的"创建"按钮，如图4-38所示，很快PPT就创建了一个相册。如果再为相册文件插入背景音乐，一个有声电子相册就快速搞定了，如图4-39所示。

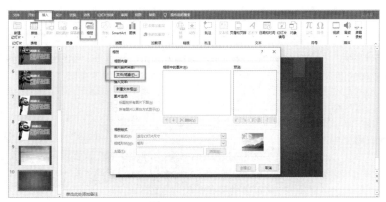

图4-36 多张图片

图4-37 相册版式

图4-38 选择主题

图4-39 新建好的PPT相册

在了解完与"图片"相关的操作后,接下来学习插入图形,流程图、组织结构图等都是日常工作中需要使用PPT来制作的图示,这些图示都需要使用"图形"来完成。接下来以"流程图"为例讲解插入图形的技巧。

4.2 制作流程图——自动对齐和分布

如图4-40所示,要在PPT中做这样一张流程图,你觉得最麻烦的操作是什么呢?

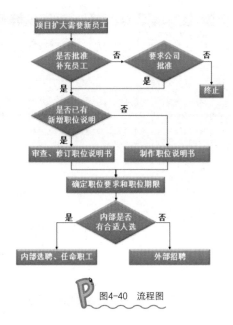

图4-40 流程图

除了在幻灯片里插入图片以外，还经常插入各种各样的图形和线条，在企业培训的过程中，大多数学员反映制作流程图最麻烦的有以下两点。

📺 1. 图形对齐很耗时间。

📺 2. 图形之间连线也很麻烦，遇到折线的情况需要绘制一条横向的线条和一条纵向的箭头，然后再拼接，费时费力不说，还经常对不齐。

接下来的部分会重点说明在PPT中如何快速对齐和智能连线。

4.2.1 图形的自动快速对齐

以一个简单的纵向流程图为例，先插入形状，单击"插入"｜"形状"按钮，"形状"下方的类型中有"流程图"，在这里面找到流程图的各种形状，如图4-41所示。选择第一个矩形，当鼠标变成"十"形状的时候，按下鼠标左键直接在幻灯片中绘制出来。接下来用同样的方法插入一个菱形，然后再插入一个菱形，并且这个菱形的大小要和之前的菱形一模一样，则有以下两种方法。

📺 1. 在绘制完前一个图形后，按下键盘上的功能键F4，就能马上复制出相同的形状。按F4键表示重复前一步的操作。

📺 2. 选中前面的菱形，按住键盘上的Ctrl键，再按住鼠标左键往外拖。

如果用的是PPT 2010以上的版本，你会发现当移动形状的时候，PPT会自动出现辅助线，帮助用户进行对齐，不仅能纵向对齐，还能识别两个图像之间的间距是否相同，如图4-42所示。

图4-41　插入流程图形状

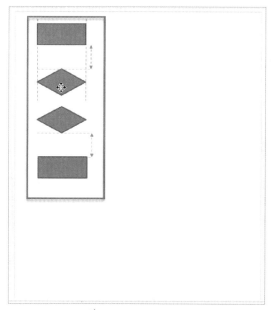

图4-42　辅助线对齐

形状数量一多，即便有了辅助线，也不方便，接下来学习快速对齐的方法。首先，把图形摆在大致的位置上，用鼠标把需要对齐的图形选中，单击"形状格式"｜"对齐"按钮，如图4-43所示，可以看到横向和纵向两种对齐方式，还有间距，分别是：

　　纵向：左对齐、水平居中、右对齐。

　　横向：顶端对齐、垂直居中、底端对齐。

　　横向分布：横向图形的间距相同。

　　纵向分布：纵向图形的间距相同。

　　先选择"水平居中"，这样形状很快就对齐了。接着单击"形状格式"｜"对齐"｜"纵向分布"按钮，这样每个图形之间的间距相同了，如图4-44所示。

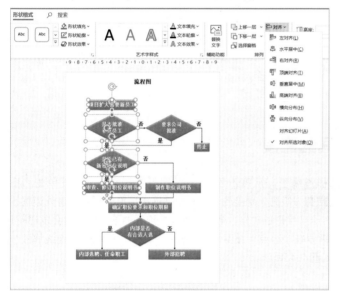

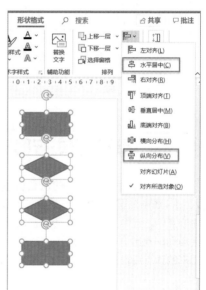

图4-43　排列对齐的方式

图4-44　快速对齐和分布形状

　　要提醒的是，千万不要一次性把所有的图形都选中，因为在流程图中可能既有纵向又有横向，需要分开进行对齐设置。如果有横向的形状，则需要在插入横向的图形后再单独选中横向区域的图形，单击"格式"｜"对齐"按钮，然后，选择需要横向对齐的方式，如"垂直居中"，如图4-45所示。

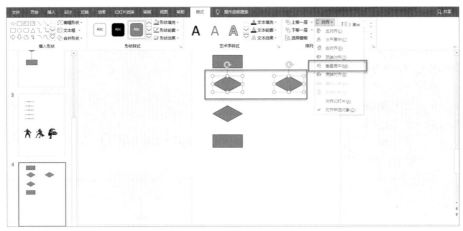

图4-45 垂直居中

4.2.2 用连接符进行图形间的连接

做完对齐后，接下来的问题就是怎样连线了。从PPT 2007以后的版本开始，只需要单击"插入"｜"线条"里面的箭头，这里的箭头是带有"吸附"功能的（能够自动连接图形的顶点或者外边框的中心点），选中"箭头"，当鼠标指针呈"十"字形的时候，把它放到需要连线的图形上，你会发现PPT会自动识别出这个矩形四边的中心点，只需要在中心点上按下鼠标左键并往下拉，拉到需要连线的那个图形的顶点后松开鼠标，线就连接好了，如图4-46所示。

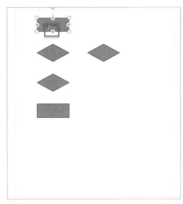

图4-46 自动识别中心点

　　这种线条的好处就是有吸附的效果，当图形发生移动的时候，箭头是会随着形状移动的，对齐的时候，箭头也会跟着对齐，如图4-47所示。那么，如果碰到要"拐弯"的箭头该怎么做呢？千万不要插入一条直线和一个箭头，容易造成这两条线对不齐的情况。正确的做法是，单击"插入"|"形状"按钮，在"线条"组中选中"肘形箭头连接符"命令，然后直接把两个图形连接起来，如图4-48所示。

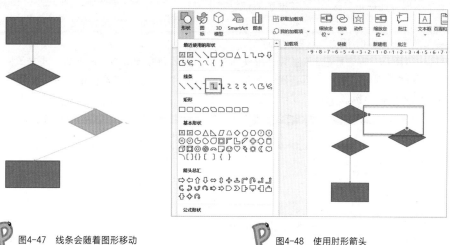

图4-47　线条会随着图形移动　　　　　　　　　图4-48　使用肘形箭头

　　最后，直接选中形状并输入文字就可以了，如图4-49所示。

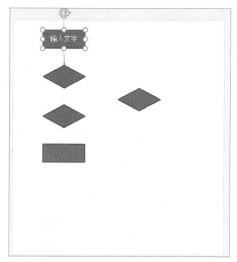

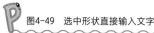

图4-49　选中形状直接输入文字

4.2.3 | 文本框和图片的对齐

对齐不仅仅针对各种"形状",对于"文本框"和"图片"也适用。如图4-50所示,在这张幻灯片中有5个文本框,现在希望这5个文本框也能在纵向上对齐,按照前面图形对齐的方式,只需要把这5个文本框同时选中,单击"格式"|"对齐"按钮,从下拉选项中选择"左对齐"命令,接着选择"纵向分布"命令,让它们的间距相同,这就完成了。

如图4-51所示,现在要把3张图片进行横向对齐,按照前面图形对齐的方式,框选3张图片,单击"格式"|"对齐"按钮,选择"垂直居中"命令,这样图片就快速横向对齐了,接着选择"横向分布"命令,图片之间的间距也相同了。

图4-50 对齐文本框

图4-51 对齐图片

4.3 这样用SmartArt才高效

从PPT 2007以后的版本开始，PPT加入了一个全新的图示功能——SmartArt，如图4-52所示，这张幻灯片上用的招聘流程图就是使用SmartArt创建出来的。

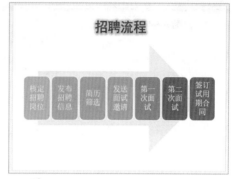

图4-52 使用SmartArt做出的招聘流程图

4.3.1 插入SmartArt

先来学习SmartArt的基本操作，单击"插入"|"SmartArt"按钮，在弹出的"选择SmartArt图形"对话框中提供了不同类型的SmartArt图示供用户选择，如列表、流程、循环、层次结构、关系、矩阵等，如图4-53所示。

图4-53 不同种类的SmartArt图示

65

提醒：从PPT 2010以后的版本开始，SmartArt图示类型会更多一点。

选择"循环"类别中的"基本循环"，然后单击下方的"确定"按钮，这样循环流程图就会自动插入PPT中，如图4-54和图4-55所示。

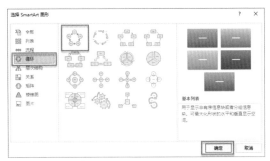

图4-54 选择"基本循环"

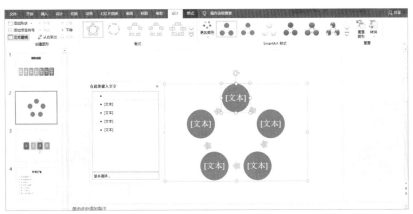

图4-55 循环流程图自动插入PPT中

4.3.2 格式化SmartArt图形

单击SmartArt图形，在左边"在此处键入文字"的区域中进行文字输入，也可以直接单击每一个图形，然后在形状中间进行输入，如图4-56所示。

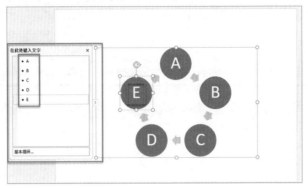

图4-56　输入文字的两种方法

单击"SmartArt"｜"更改颜色"按钮，可以选择不同的主题颜色来为SmartArt进行配色，如图4-57所示。

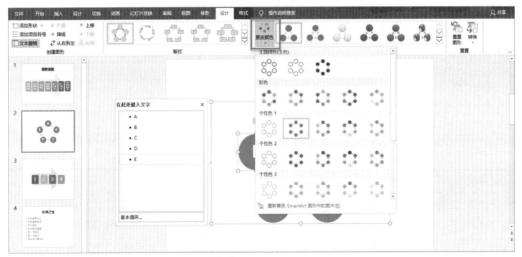

图4-57　选择主题颜色

也可以选择不同的样式，如嵌入、优雅、卡通等，还有各种立体场景样式，如图4-58所示为选择卡通的样式。

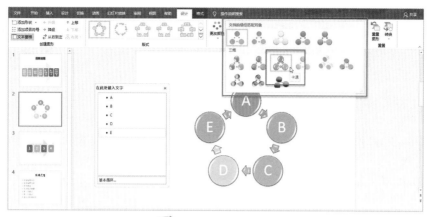

图4-58 选择主题样式

如果要在图4-58所示的循环SmartArt中间再增加一个图形，要怎么操作呢？在左边"在此处键入文字"这个区域的每个文字前面有一个"●"。这也是一种"项目符号"，用鼠标单击"E"，然后按Enter键，立刻就插入了新的形状，如图4-59所示。

提醒：关于项目符号和相关输入技巧在第2章2.5和2.6节中有详细介绍。

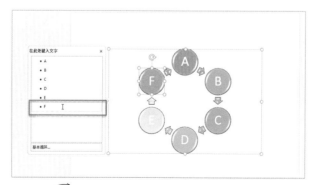
图4-59 通过Enter键为SmartArt增加新的形状

也可以通过选中SmartArt的图形单击"SmartArt工具"|"设计"|"添加形状"按钮，在下拉菜单中选择"在后面添加形状"命令达到相同的目的，如图4-60所示。

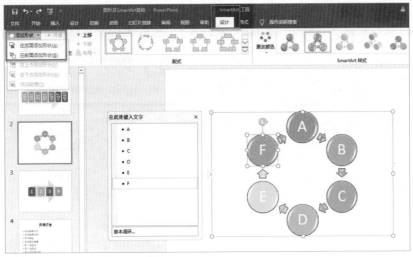

图4-60　通过工具栏添加形状

如果要把"F、E、D"删除，则直接在左边的"在此处键入文字"框中删除这3个字符就可以了，如图4-61所示。

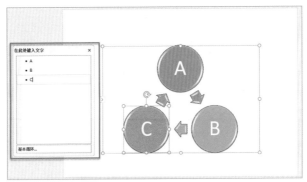

图4-61　直接在文字框中删除信息

对已经插入的SmartArt的图形，也可以更改其版式和布局。例如，选中这个循环的SmartArt的图形，单击"SmartArt工具"｜"设计"按钮，在"版式"区里可以选择想要更改的任何一个版式，如图4-62所示。也可以更改布局，单击下方的"其他布局"按钮，选择"流程"版式中的"连续块状流程图"，然后单击"确定"按钮，这样也可以把形状由循环换成其他布局，如图4-63和图4-64所示。

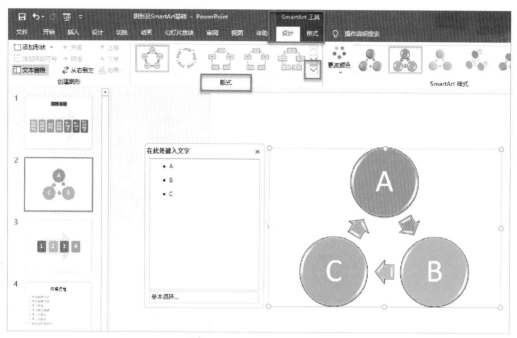

图4-62 更改SmartArt的版式

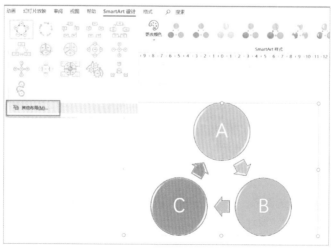

图4-63 选择连续块状流程图

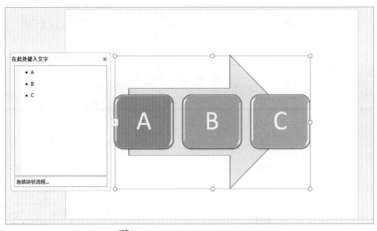

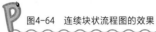

图4-64 连续块状流程图的效果

当把布局换成了连续块状流程图后，如果想要在"C"后面增加一个形状"D"，根据前面学习过的操作，只要在"在此处键入文字"的框中的"C"后面按Enter键，输入"D"就可以了，如图4-65所示。

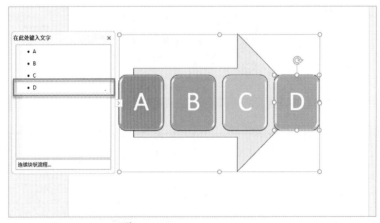

图4-65 通过Enter键增加"D"

若希望在"A"这个图形中间再输入文字，可以直接在"在此处键入文字"区域的"A"的后面按Shift+Enter（换行）快捷键，然后输入文字，就可以在SmartArt的单个图形里实现换行了，如图4-66所示。

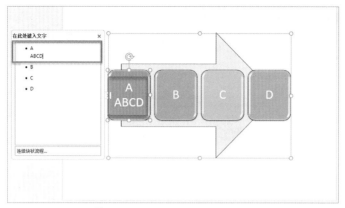

图4-66 使用Shift+Enter快捷键换行

而如果用Enter键换行，不仅不能达到换行的效果，还会增加一个图形，因为按Enter键是换段的操作，如图4-67所示。

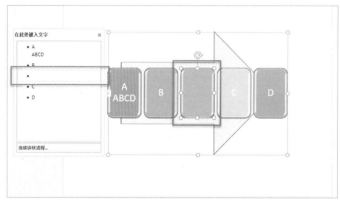

图4-67 按Enter键（换段）增加图形

我们在第2章详细介绍过，如果想给项目符号进行降级是用Tab键。拿图形"B"来打比方，如果在"在此处键入文字"框的"B"后面直接按Enter键，就会增加一个形状，然后在键盘上按Tab键，就会发现文字的级别降到了第2级。此时，再输入文字的时候，新增的文字都是在"B"以下的第2个级别，不会增加一个新的形状，所以，可以把第2章中学习到的文字录入的技巧与SmartArt的输入技巧结合使用，这样就会更高效了，如图4-68所示。

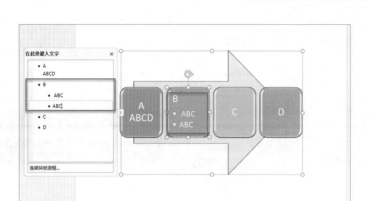

图4-68　使用Tab键进行降级

4.3.3　快速将文本转换为SmartArt

　　了解完SmartArt的基本操作以后，接下来教给大家一个"神操作"，即快速把文本转换为SmartArt，以图4-52所示"招聘流程"的SmartArt图形为例，大多数人会这样操作：新建一张幻灯片，单击"插入"｜"SmartArt"按钮，选择"流程"组中的"连续块状流程图"，如图4-69所示。接下来把写好的招聘流程的文字选中并复制粘贴到刚才插入的SmartArt流程图旁边的"在此处键入文字"区，文字输入完成后，再选择好颜色和样式，如图4-70～图4-72所示。

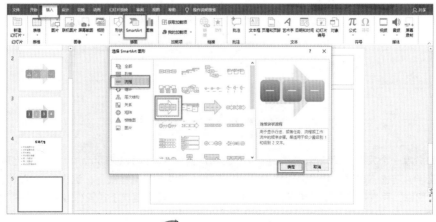

图4-69　新建SmartArt

图4-70 复制好所需内容

图4-71 把复制的内容粘贴到文字框

图4-72 更改好颜色和样式

　　接下来分享一个只需要2秒钟就能搞定一切的方法。首先，输入需要在SmartArt图形里出现的文字，然后选中文字并右击，单击"转换为SmartArt"，选择"连续块状流程图"，这样SmartArt流程图就创建完成了。同样，再选择颜色和形状样式。由此看来，这样的操作要比上述操作效率高很多，如图4-73所示。

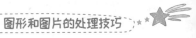

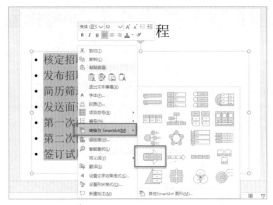

图4-73 右击转换为SmartArt

　　如果还想对这个SmartArt做调整，例如，需要使文本"第一次面试"和"第二次面试"位于"发送面试邀请"的下方，可以直接在输入文字区选中"第一次面试"和"第二次面试"，然后按一下Tab键进行降级，这样就可以实现降级的操作了，如图4-74所示。

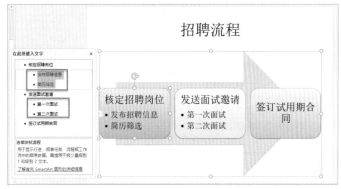

图4-74 使用Tab键进行降级

4.3.4 将SmartArt图形转换为文本

　　总是有学员问我，文字转换为SmartArt后，还能不能转回原来纯文本的状态呢？当然是可以的。选中SmartArt图形，单击"SmartArt工具"｜"设计"｜"转换"｜"转换为文本"按钮，这样就将其还原为文本状态了，如图4-75和图4-76所示。

图4-75 把SmartArt转换为文本

图4-76 转换为文本后的状态

4.3.5 图片也有SmartArt

把多张图片一次性插入PPT中，并且快速地进行对齐要怎么操作呢？先新建一张幻灯片，单击"插入"|"图片"按钮，一次性选择6张图片并将其插入PPT中，通常这些图片会部分重叠在一起，并不会逐张排列整齐，需要选中每一张图片将其缩小，还要进行"手动"对齐，这样的操作将耗费大量的时间，如图4-77所示。

图4-77 插入图片

接下来给大家分享一个更为便捷的方法，当图片插入PPT以后，先把所有的图片选中，然后单击"格式"｜"图片版式"按钮，再打开"图片版式"下拉菜单，就会发现这里面出现的就是各种SmartArt图形，是的，这就是图片的SmartArt。选择"图片网格"样式，图片瞬间就被自动排列好了，还可以在上方进行文本的输入，如图4-78和图4-79所示。

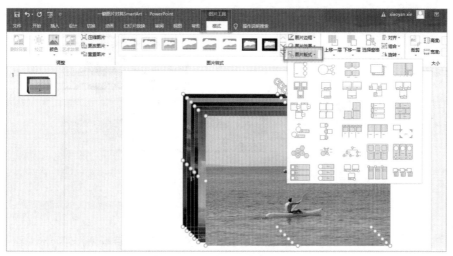

图4-78 选择图片的SmartArt版式

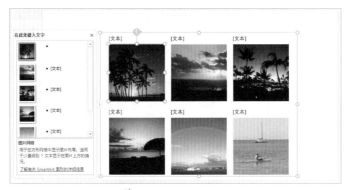

图4-79 完成后的效果

完成后，还可以选中图片SmartArt，单击"SmartArt设计"│"版式"按钮，在这里还可以更改其他版式，例如，换成"蛇形图片半透明文本"，"文本框"就出现在图片中间，而且是半透明的状态，如图4-80所示。用上述方法做图片的排版，效率可不止高一倍哦。

图4-80 更改其他版式

以上就是SmartArt功能在文字和图片上的应用。在培训的过程中，每当我讲到SmartArt，总会被问到关于配色的问题：在插入SmartArt图形的时候，选择"更改颜色"时，为什么每次颜色都不同，而且不是每一次都能够出现需要的配色呢？难道不能修改成其他颜色吗？这是一个很好的问题，后面章节中我会专门对幻灯片的配色原理进行讲解。

第5章　会用"合并形状"，
人人都是设计师

从PPT 2013开始，PPT新增了一个功能——合并形状，"合并形状"功能给普通的PPT用户增加了更多便捷的设计模式。"合并形状"一共有5种模式，分别是结合、组合、拆分、相交、剪除，如图5-1所示。下面将详细介绍它们的操作方法。

图5-1 合并形状的种类

5.1 组合

如图5-2所示，当这张幻灯片全屏放映的时候，文字的笔画透着动态的背景，想要创建这样的效果可以使用"组合"模式。

图5-2 文字的背景为动态效果

读者扫描本节标题左边的二维码，可以看到放映后的动态效果。想要做出这个效果，先要准备3个对象：①后缀名为"GIF"的动图；②1张背景图片；③输入好"中国速度"的文本框。准备完成后，选中文本框，设置字体为"黑体"，字号为80，"加粗"状态，然后把文本框移动到背景图片上，如果文本框在图片下方，可以选中图片，单击右键，选择"置于底层"，调整对象的层次，如图5-3所示。

图5-3 把文本框移动至图片上

接下来,关键的步骤来了,用鼠标选中背景图片,然后按住Ctrl键,再选中置于图片上方的"中国速度"文本框,接着单击"格式"│"合并形状"│"组合"按钮,如图5-4所示。此时,背景图片中出现了"中国速度"的镂空字符,如图5-5所示。最后,只需要把组合后的有镂空"中国速度"的图片直接移动到幻灯片中的动图上方即可,如图5-6所示。

提醒:动态的效果需要在播放的模式下才能看到。

图5-4 "组合"选中的对象

图5-5 文字有镂空的感觉

图5-6 将图片置于动图上方

除了使用"GIF"动图展示以外，也可以插入视频作为动态背景，最后，把带有镂空字符的图片置于视频上方，也会出现动态的效果。

5.2 结合

将图片填充在自定义的图形中，如图5-7所示，高铁列车被填充在这个不规则的图形中。

图5-7　将高铁图片填充在不规则的图形中

　　该效果的重点在这个有"笔锋"感觉的图形，显然这个图形并非PPT自带，那它是怎么出现的呢？单击"插入"｜"文本框"按钮，在文本框里面输入一个小写英文字母"h"，把字体改成BRUSHSTRIKE（字体文件位于配套练习文件中，扫描本书封面上的二维码可以下载），并且把字号调整为400号，如图5-8所示。

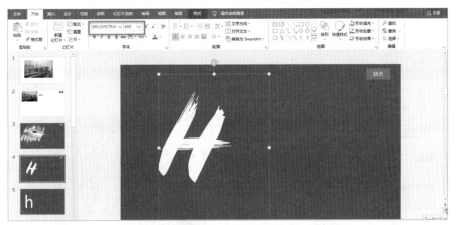

图5-8　输入一个"h"

　　选中"h"，复制6~7个相同的字符，数量可以根据实际情况而定，复制完成以后，用鼠标选中所有"h"文本框，单击上方的"形状格式"｜"合并形状"｜"结合"按钮，如图5-9所示。最后，单击"格式"｜"填充形状"｜"图片"按钮，选择需要填充的动车图片，单击"插入"按钮，如图5-10和图5-11所示。图片就填充到"结合"中的形状中了，很简单也很快，如图5-12所示。

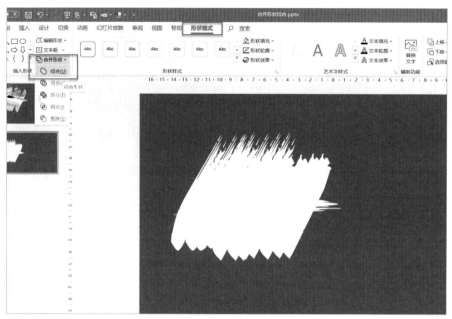

图5-9　"结合"选中的文本框

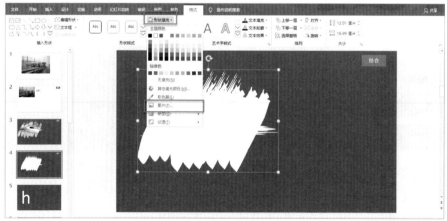

图5-10　选择图片进行填充

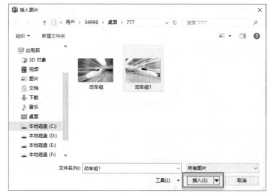

图5-11 插入图片

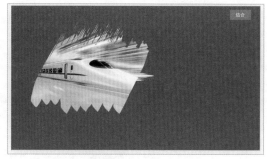

图5-12 完成填充

5.3 拆分

如图5-13所示，当播放这张幻灯片的时候，你会发现这个"赢"字会分别由"亡""口""月""贝""凡"这几个字组合而成。

图5-13 拼接而成的字

除了有"飞入"的动画效果之外，更关键的是要把文字做拆分（我可不是把5个字逐个写出来再组合），这就需要"合并形状"中的"拆分"功能。首先执行"插入"｜"文本框"命令，输入"赢"字，并设置字体为"黑体"，字号为300，"加粗"。接着单击"插入"｜"形状"按钮，插入一个矩形，选中矩形，单击"形状格式"｜"形状填充"按钮，选择需要的颜色，选中文本框，右击，选择"置于顶层"，把文本框放到红色矩形上，如图5-14所示。

图5-14 将文本框置于顶层

接下来，关键步骤来了，先单击鼠标，选中插入的"矩形"，然后按住Ctrl键选中"文本框"，单击"格式"｜"合并形状"｜"拆分"按钮，如图5-15所示。

图5-15 把文字"拆分"

"拆分"完成后，选中红色矩形的边缘，将矩形移开并删除，这时就可以看到一个镂空的"赢"出现在幻灯片中，如图5-16所示。然后把"赢"形状中不需要的部分——删除，这样文字就拆分出来了，如图5-17所示。

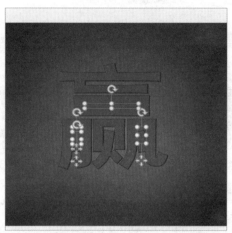

图5-16 删除不需要的部分

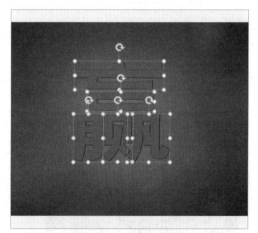

图5-17 文字拆分完成

最后为拆分好的文字插入动画就实现了本节开始的效果，关于"动画"，在下一章会有详细说明。

5.4 相交

如图5-18所示，这是苹果iPad发布会上的一张图，大家看到图片中投影上这个被各种apps图标填充出来的数字，这种效果用"相交"就能够实现。

图5-18 数字被图片填充的效果

首先，将一张有各种apps图标的图片插入幻灯片中，然后在图片上插入"文本框"，在"文本框"中输入数字"400,000"，设置字体为Arial，字体颜色为"白色"，字号为160，加粗。把数字文本框放在图片的中心（置于顶层），如图5-19所示。

图5-19 在图片上方插入文本框并输入数字

接下来,关键步骤来了。先选中图片,然后按住Ctrl键,再选中刚刚输入数字的文本框,单击"格式"|"合并形状"|"相交"按钮,这样数字就被图片填充了,如图5-20和图5-21所示。是不是很简单呢?

图5-20 选择"相交"

图5-21 数字被图片填充

5.5 剪除

如图5-22所示,这个设计是不是很有意思?

　　大家有没有发现，"拆解"这两个字好像真的被拆开了，那这样的操作是如何实现的呢？通过"合并形状"功能中的"剪除"就可达到这个效果。首先，单击"插入"｜"文本框"按钮，在文本框中输入"拆解"两个字，选中文本框，设置字体为"黑体"，字号为200，"加粗"，字体颜色为"橙色"。接下来把文本框复制一个放到右边，如图5-23所示。

图5-22　拆解的效果

图5-23　准备好两个相同内容的文本框

　　接下来单击"插入"｜"形状"按钮，选择"矩形"，如图5-24所示。然后把这个矩形旋转一下，用这个矩形遮盖住左边"拆解"上方的部分。再复制一个矩形，把这个矩形放到右边"拆解"的下半部分，如图5-25所示。

图5-24　插入矩形

图5-25 用矩形遮挡文字

　　接下来，关键步骤来了。首先选中左边的"拆解"文本框，然后按住Ctrl键选中上方的矩形，单击"格式"|"合并形状"|"剪除"按钮，这样，刚刚被矩形遮挡的部分就被"剪除"了，如图5-26所示。用同样的方法选择右边的"拆解"文本框，再按住Ctrl键，选择下方的矩形，单击"格式"|"合并形状"|"剪除"按钮，"拆解"的下半部分就被剪除了，如图5-27所示。最后，把右边的"拆解"移到左边，把下面的"拆解"稍微做一点旋转，这样就有一种真的被拆掉的感觉了，如图5-28所示。

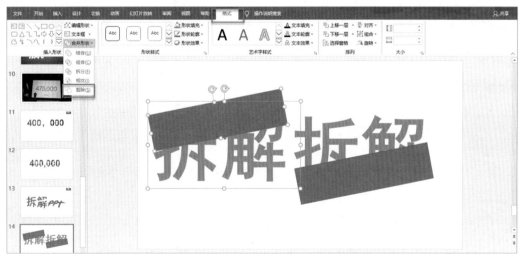

图5-26 选择"剪除"

图5-27 被矩形遮挡的部分被剪除   图5-28 剪除的效果出来了

关于"合并形状"，网络上也有很多网友分享各自使用"合并形状"创建的特效，我衷心希望读者不要把太多的时间放在怎样"结合""组合""拆分""相交"和"剪除"形状上，而是要关注如何高效率地完成PPT设计，以及幻灯片所要传递的内容，千万不要本末倒置，为了制作某个特效而消耗大量的时间。

第6章　PPT中配色的秘密

绝大多数PPT的用户并非专业设计师，那么，如何解决幻灯片的配色问题呢？其实，PPT早就为用户考虑到了这一点，在软件中嵌入了几十套预设好的配色方案，同时也为专业的设计师用户提供了自定义的配色方案。

6.1 主题颜色和配色方案

在第4章讲解流程图的时候提到过关于幻灯片的配色问题，那就是每次插入形状的时候，在默认情况下，形状都是蓝颜色，如图6-1所示。

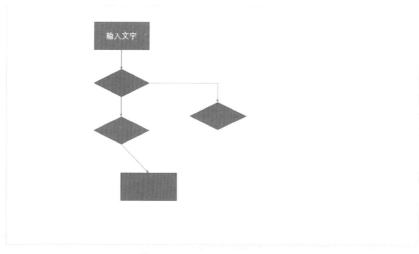

图6-1　默认状态下形状为蓝颜色

要修改形状的填充颜色，先选中形状，再单击"格式"｜"形状填充"按钮，在"形状填充"里面有"主题颜色"，"主题颜色"中可选的颜色并不多，因为每组颜色都是上面对应主题颜色的渐变色。假如要选择黄色，在主题颜色里面就没有，必须从下面的"标准色"中选择，如图6-2所示。

那么，到底什么是"主题颜色"呢？"主题颜色"可不可以调整呢？单击"设计"功能区，在"设计"功能区的"主题"组里，打开右边的下拉菜单，会发现PPT内置了很多自定义的模板，每个模板的缩略图的下方都有一行颜色条，这个颜色条就是所在模板的配色方案，如图6-3所示。

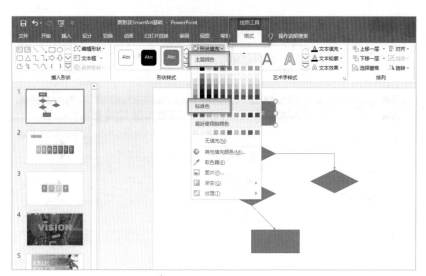

图6-2 主题颜色与标准色

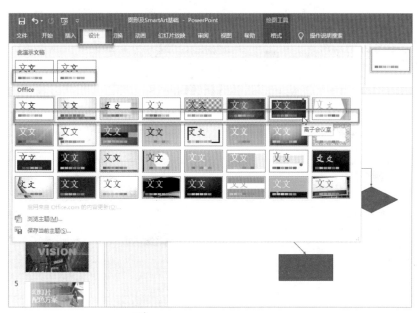

图6-3 自定义模板与对应颜色条

例如，选择一个为紫色的配色，名称为"离子会议室"的模板，单击以后会发现整套幻灯片中的图形颜色都变成紫色系了，而且，当选中某一个形状并想要更改它的颜色时，在单击了上方"形状格式"功能区后，"填充形状"中的"主题颜色"已经变成了选中主题所对应的"配色方案"了，如图6-4和图6-5所示。

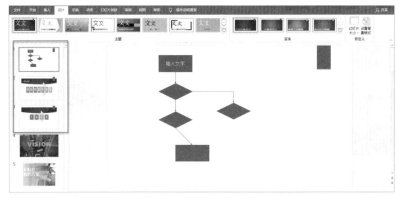

图6-4 幻灯片变成紫色系

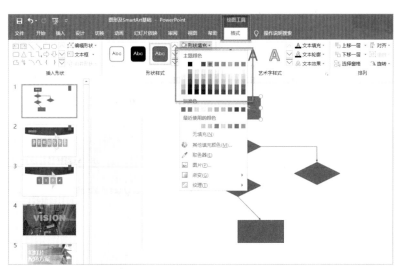

图6-5 主题颜色也跟着幻灯片模板改变

如果只是希望幻灯片中图形的配色是紫色系，而不需要背景也一同改变，该如何操作呢？首先需要说明的是，在主题组中，所有的模板不仅仅包含配色，还包括背景、字体、字号等一系列格式，可以说，"幻灯片主题"是集合了多种格式的"打包"样式，不仅仅是配色。但是，如果只是想更改当前幻灯片的配色，首先，要把幻灯片还原到使用"离子会议室"模板之前的状态，然后，单击"设计"｜"变体"｜"颜色"按钮，打开"颜色"菜单后就会看到，PPT中已经内置了几十条配色方案，如图6-6所示。

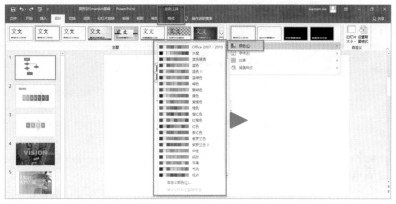

图6-6　Office自带的配色

如果要选择紫色系，只需要选择下面和紫色有关的配色，例如，这里选择"紫罗兰色Ⅱ"，这时幻灯片里的图形和SmartArt都变成紫色系了，如图6-7和图6-8所示。

图6-7　选择"紫罗兰色Ⅱ"

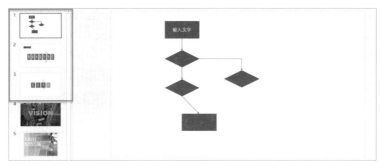

图6-8 幻灯片变成紫罗兰色系

这时问题又来了，如果不太懂要如何选择配色该怎么办呢？显然，并不是每个人都是设计师，所以，PPT早就为用户想好了各种各样的颜色组合了。

这里给大家介绍几个非常简单的思路：如果幻灯片的主题是科技、医学、制造业、心理学方面的，就可以选择"蓝色暖调"这样偏蓝色系的主题，如图6-9所示。

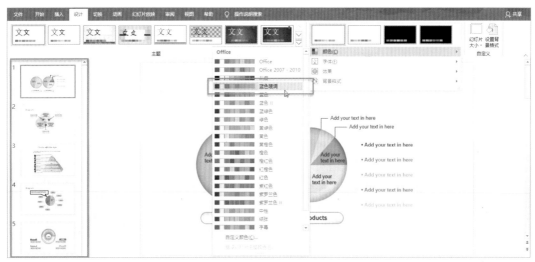

图6-9 蓝色系的科技主题

如果要表现环保、生态类的主题，可以选择绿色，这样幻灯片的背景色，包括图形的颜色都会变成绿色，如图6-10所示。

如果您在党政机关工作，则可以选择黄橙色或者红橙色系的主题，如图6-11所示。

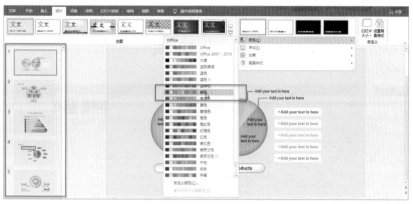

图6-10　环保的绿色主题

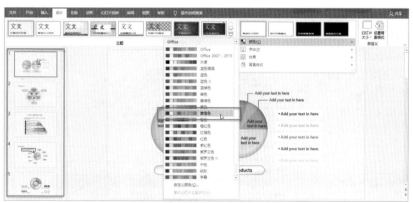

图6-11　党政机关的黄橙色系

6.2　自定义配色方案

如果您希望可以自己自定义配色方案，可以单击"设计"|"变体"|"颜色"按钮，单击最下方的

"自定义颜色"按钮，就可以新建自定义主题的颜色，有文字色、背景色还有其他的着色，每选好一个颜色，就可以在右边的示例中看到预览效果。例如，把"文字/背景"色修改为红色，则右边的缩略图中的文本就变成了对应的红色，每一个配色都能够在右边的示例中找到对应，完成后，可以修改配色方案的名称，最后保存，如图6-12和图6-13所示。

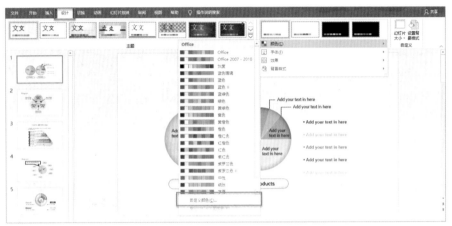

图6-12　打开"自定义颜色"

图6-13　更改颜色

想要了解更多的自定义配色，扫描本书提供的二维码，即可直接下载，如图6-14所示。

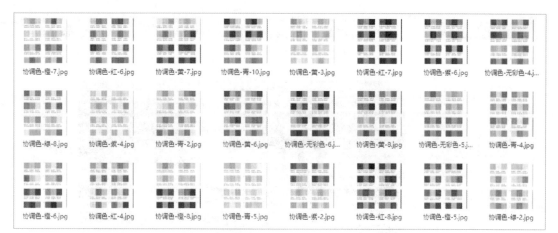

图6-14 配色方案

6.3 最简单的"调色"工具——取色器

前面两节提到了主题颜色，我们知道，整个主题颜色不仅仅是图形的颜色，还包括幻灯片里所有可以调节颜色的部分，如字体、边框、图形、SmartArt甚至插入PPT中图表的颜色，都与讲到的主题颜色有关。主题颜色虽好，可还是会遇到不论选择哪一个主题颜色都不符合用户配色要求的时候，别着急，遇到这种情况时，PPT也为用户提供了相应的解决方案——取色器。

以图6-15为例，给幻灯片插入了一个背景图片，接下来在幻灯片中加入一个文本框，文本框中文字的颜色默认是黑色的，如果改成白色字体，也不是很协调，那应该怎样选择字体颜色呢？选中文本框，单击"文本填充"|"取色器"按钮。通过"取色器"功能来选择背景图片中的颜色作为字体颜色，就能让文字和图片更好地融合在一起。

提醒："取色器"是PPT 2013及以上版本才有的新功能。

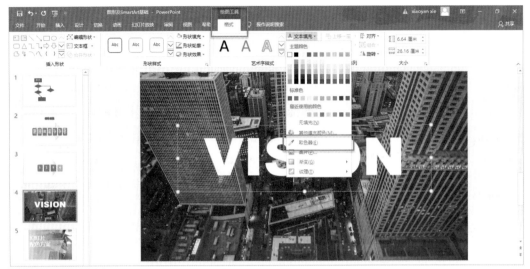

图6-15　打开取色器

选中写有"VISION"字样的文本框,单击"取色器"按钮,然后选择图片中间相对浅一点的颜色,这样文字的颜色会与整个画面的颜色相协调,如图6-16和图6-17所示。

图6-16　用"取色器"取色

图6-17 颜色比较协调

6.4 在幻灯片中插入"蒙版"

除了添加文字以外，还经常会在幻灯片中为图片添加"蒙版"。如图6-18所示，在这张幻灯片中的蒙版上插入文本框，并输入文字，文字也会很清晰，不会和背景融合在一起。

图6-18 设置好蒙版的效果

　　"蒙版"也是PPT高手们经常谈论的技巧，那么"蒙版"要如何创建呢？首先，单击"插入"|"形状"按钮，在当前幻灯片的左边插入一个矩形，如图6-19所示。接着选中矩形，右击，选择"设置形状格式"，如图6-20所示。

图6-19　插入形状

图6-20　打开"设置形状格式"

　　在弹出的"设置形状格式"中选择"渐变填充"，形状会自动识别幻灯片中图片的颜色。接下来把形状的轮廓调整为"无轮廓"，最后，把这个矩形往右拉，使其覆盖下面的背景图片，这样渐变的效果

104

就出现了。如果觉得渐变还不够明显，可以在"设置形状格式"功能区里直接调整"渐变光圈"，这样一个蒙版就设置完成了，如图6-21所示。

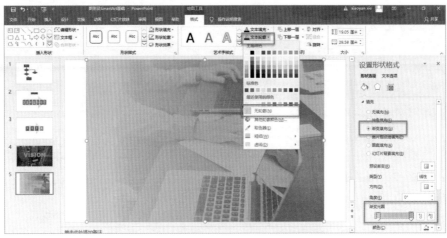

图6-21　设置蒙版

蒙版制作完成后，可以在幻灯片中插入文本框并输入文字，可以用"取色器"功能设置字体颜色，选择背景中相对突出的颜色，通过取色器来为幻灯片做配色，这样整体的色调就会非常协调，如图6-22所示。

图6-22　添加文字

第7章　PPT的核心功能——母版

从本章开始，就进入了PPT的核心功能——母版。了解母版并且能灵活地运用，不仅能够提高PPT的制作效率，而且能够让使用者摆脱对海量模板的依赖，需要什么版式都可以自己设计，把模板作为辅助材料。

7.1 快速统一修改PPT文稿的格式

以一张白底黑字的幻灯片为例，在幻灯片中输入文字后（如图7-1所示），如果希望把每一张幻灯片的标题的字体都改为"微软雅黑Light"，并且字体颜色为蓝色，应该怎么做呢？

大多数人会这样做：直接选中标题上的文字，在字体栏中选择字体为"微软雅黑Light"，然后在字体颜色中选择蓝色。接下来，到了第二张幻灯片要怎么做呢？用格式刷呀！当然，"格式刷"功能本身并没有什么问题，甚至还可以双击格式刷，这样可以连续地"刷"格式，如图7-2所示。

图7-1 示例幻灯片

图7-2 手动修改字体、颜色及格式刷功能

母版的基本用法

　　这里要提醒大家的是，如果幻灯片的页数特别多，用"格式刷"也会非常吃力，而且，"格式刷"的缺点是刷完了以后，将来如果要修改，还得继续刷。有没有一个方法可以统一一一次性修改所有相同结构的格式呢？修改一处，其他结构相同的部分就随之更新，类似Word的样式功能，这样就不需要用格式刷辛辛苦苦地刷了。你一定猜到了，这个功能就是母版。

　　如何使用"母版"呢？单击"视图"｜"幻灯片母版"按钮，这样就进入"幻灯片母版"的视图状态了，如图7-3和图7-4所示。

图7-3　打开母版

图7-4　幻灯片母版的状态

　　注意看，在左边幻灯片预览的部分，最上方第一张是一个"大"母版，它下面跟着一串"小"母版，如图7-5所示。首先，选中第一张最大的母版；然后，在右边的编辑区域单击标题的位置，这里默认显示的内容是"单击此处编辑母版标题样式"，把字体改为"微软雅黑Light"，然后把字体颜色改为蓝色。接下来会发现在左边的预览区域中每一张幻灯片标题的颜色都跟着改变了，此时，还是在母版视图状态下，如果想看到实际每一页幻灯片的状态，单击"幻灯片母版"｜"关闭母版视图"按钮，如图7-6所示。这样每一张幻灯片的标题都随母版更新了，如图7-7所示。这样的操作比"格式刷"是不是更好呢？

图7-5　更改模板标题样式

图7-6　关闭母版视图

图7-7　标题自动变色

　　母版的操作有别于格式刷，在设置完母版后，每新建一页幻灯片，新建幻灯片标题的字体也是微软雅黑Light，字体颜色也是蓝色。这也就意味着，设置母版格式，实际上就是把每张幻灯片默认的格式进行了修改，这与用格式刷写一页再刷一页有着本质上的不同。

　　这时问题来了，如果想修改每张幻灯片正文第一级标题的格式，在哪里改更快呢？没错，那当然是母版了。单击"视图"|"幻灯片母版"按钮，如图7-8所示。此时依然选择第一个最大的母版，然后选中正文内容的第一级标题，把字体改为"黑体"，把字体颜色改为"蓝色"，接下来单击"幻灯片母版"|"关闭母版视图"按钮，如图7-9所示。这样每张幻灯片正文第一级标题的格式也跟着改变了，如图7-10所示。

图7-8　打开幻灯片母版

图7-9 修改正文第一级标题格式且退出母版视图

图7-10 幻灯片第二级标题格式改变

　　如果想要修改每张幻灯片正文内容第一级标题的项目符号要怎么做呢？你肯定知道了，到母版中去修改。本书之前提到的在单张幻灯片中的设置格式的操作，如果在母版中使用，那就是一种批量的操作了。直接单击"视图"｜"幻灯片母版"按钮，然后选择第一个母版，选中正文内容的第一级标题，单击"开始"｜"项目符号"按钮，把项目符号改成"√"的状态，接下来单击"关闭母版视图"按钮。这样每张幻灯片正文内容的第一级标题前面的符号就变成"√"的状态了，如图7-11和图7-12所示。

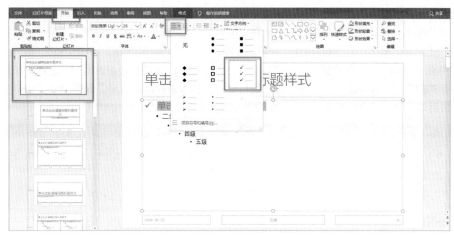

图7-11　将项目符号改成"√"

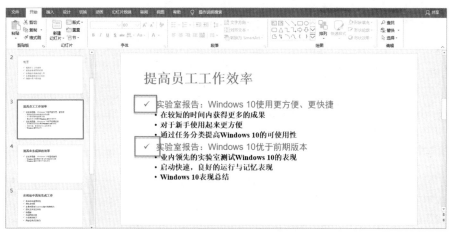

图7-12　退出母版视图后，"√"更改完成

简单总结一下，母版的作用就是统一修改幻灯片的格式。

7.1.2 在母版中插入图片

许多职场人士最常做的操作是在每一张幻灯片中插入各自公司的Logo，如果逐张复制粘贴Logo图片会很浪费时间，更重要的是，万一遇到需要修改，还得逐张重新做一次。而有了母版，就不一样了。例如，希望公司Logo出现在每张幻灯片的右上角，可单击"视图"｜"幻灯片母版"按钮，选择第一块母版，单击"插入"｜"图片"｜"选择图片"按钮，如图7-13所示。这里选择Office的Logo，插入进来后，把Logo调整到合适的大小，并移到母版幻灯片的右上角，如图7-14所示。与此同时，通过预览区看到在下面不同版式的母版（较小的母版）中，每一张幻灯片的右上角都自动出现了公司Logo，这样是不是很方便呢？最后单击"关闭母版视图"按钮，如图7-15所示。

图7-13 插入Logo

图7-14 调整好Logo的位置

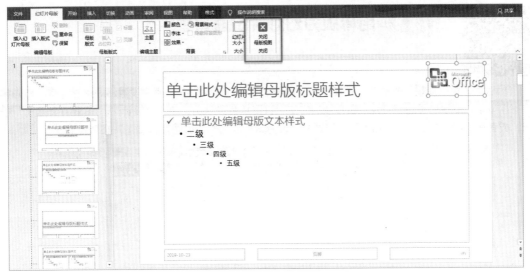

图7-15　退出母版视图

这时，Office的Logo会出现在每张幻灯片相同的位置，你还会发现，用鼠标单击Logo的时候，是无法选中的状态，如图7-16所示。

图7-16　Logo是无法选中的

如果打开某一个PPT演示文稿，这套PPT中每一页幻灯片右上角都有一张图片，而且都选不中，那么，这张图片极有可能是在母版中插入的。

用母版为幻灯片设置背景

母版除了可以批量修改格式、批量插入公司Logo之外，还可以在母版中设置幻灯片的背景。首先学习不用母版功能给单页的幻灯片设置背景的方法，以图片背景为例，单击"设计"｜"设置背景格式"按钮，或者在幻灯片空白区域右击，也可以选择"设置背景格式"，如图7-17和图7-18所示。

图7-17 "设计"功能区中的"设置背景格式"

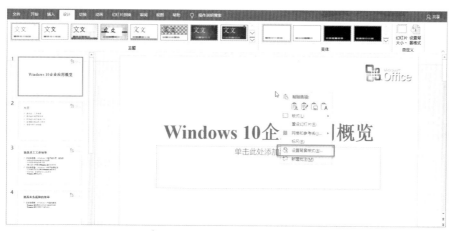

图7-18 右击打开"设置背景格式"

在弹出的"设置背景格式"对话框中可以选择"图片或者纹理填充",此时PPT会默认使用"纹理"背景,单击下方的"图片源"|"插入"|"来自文件"按钮,如图7-19所示。

图7-19　选择"图片或者纹理填充"

选择准备好的背景图片,然后单击"插入"按钮,这时会发现,当前设置的这张幻灯片的背景已经更改为图片效果了,但下面其他幻灯片的背景是没有任何变化的。当然,在"设置背景格式"对话框的下方还有一个"应用到全部"按钮,如果单击这个按钮,就意味着背景会自动应用到每一张幻灯片中,其实,单击"应用到全部"按钮就相当于在当前的母版中为幻灯片设置好了背景,只不过这个操作并不需要在母版中进行,如图7-20所示。

图7-20　插入图片后

那如何在母版中设置背景呢？单击"视图"｜"幻灯片母版"按钮，选择第一页的母版，单击"幻灯片母版"｜"背景样式"｜"设置背景格式"按钮，接下来的做法就与前面介绍的方法一样了，如图7-21和图7-22所示。

图7-21 打开母版视图

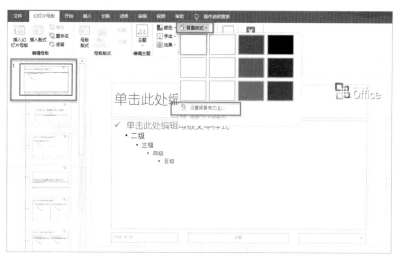

图7-22 选择"设置背景格式"

单击"图片源"｜"插入"｜"来自文件"按钮，选定要插入的背景图片，然后单击"插入"按钮，这时会发现母版视图中的所有幻灯片母版的背景都被设置为选定的图片了。最后单击"关闭母版视图"按钮，图片就被设置为所有幻灯片统一的背景了，如图7-23所示。

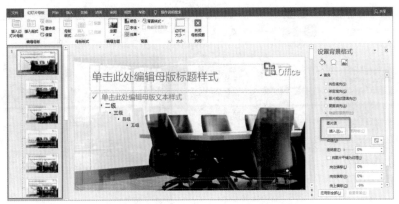

图7-23 所有幻灯片都换了背景

 7.1.4 为背景添加"蒙版"效果

将图片设为背景后,你会发现,案例中的这些文字会和图片混在一起,导致文字看不清楚了,现在问题来了,怎样在不改变背景的前提下让文字不被背景"干扰"呢?此时可以模仿第6章配色方案中提到的"蒙版",给背景加上一层蒙版,这样可以反向突出文字。单击"视图"│"幻灯片母版"按钮,在母版中选择第一张母版,接着单击"插入"│"形状"按钮,在幻灯片母版中插入一个矩形的图形,把矩形形状覆盖在整个母版幻灯片上,如图7-24所示。接着在这个矩形上右击,还是选择"设置形状格式",如图7-25所示。

图7-24 插入矩形

图7-25 设置形状格式

在弹出的"设置形状格式"对话框中选择"纯色填充",在下方的"颜色"中选择"白色",然后,将"透明度"调整为20%。接着单击"格式"|"形状轮廓"按钮,选择"无轮廓",如图7-26所示。最后,单击"幻灯片母版视图"|"关闭母版视图"按钮,这样能看到背景的同时,又不影响文字,如图7-27所示。

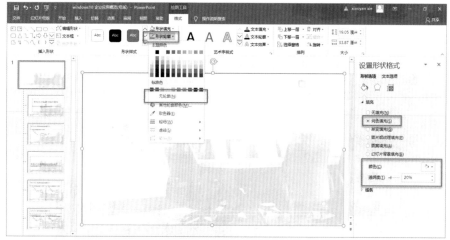

图7-26 更改形状格式

图7-27　插入蒙版后的幻灯片

不知道细心的你发现没有，公司的Logo被蒙版遮住了，如图7-28所示。这时要怎么做呢？没错，只需要单击 "视图"｜"幻灯片母版"按钮，选中Logo后，右击，选择"置于顶层"，如图7-29所示。然后再单击"关闭母版视图"按钮就可以了，如图7-30所示。

图7-28　Logo被蒙版"挡住"

图7-29　将Logo置于顶层

图7-30 完成后退出母版视图

以上就是幻灯片母版功能的常规操作。

7.2 为幻灯片设置不同的母版样式——多母版的设置

有经验的职场人士会问这样一个问题？这样设置的母版，让每张幻灯片的背景都是一模一样的，并不符合大多数公司的情况，一般公司的幻灯片都是"标题幻灯片"是独立设计的，有别于后面的版式，难道每次都要为第一页幻灯片单独设置不同的格式吗？

 设置标题（版式）母版

其实，如果希望幻灯片不同版式之间有不同的设计，最好的办法就是使用母版来实现。如图7-31所示，在这套幻灯片中，要让标题版式母版的背景与其他版式不同，如何设置呢？单击"视图"｜"幻灯片母版"按钮，在"幻灯片母版视图"的预览区域中可以看到有很多母版，这是什么意思呢？上面的母版是最大的，下面的母版相对小一些，这是因为，最上面最大的母版表示所有母版统一的设置，而下面的小母版则对应着幻灯片不同的版式。

在本书第2章第2.1节中详细介绍了"幻灯片版式"的作用和意义，那么幻灯片一共有多少个版式呢？先执行"关闭母版视图"，然后单击"开始"｜"版式"按钮，原来在默认状态下幻灯片一共有11个版式，如图7-32所示。

图7-31　总母版及相对应的不同版式的母版

图7-32　幻灯片中有11个母版

　　这意味着在幻灯片母版视图中，下面的小母版一共有11个，每一个版式都对应着一个母版。如果希望"标题幻灯片"的背景与其他版式的不一样，可以用鼠标选中表示标题版式的母版，对这个标题母版的空白区域右击，选择"设置背景格式"，这就与之前"设置背景格式"的操作是一样的了。选择"图片或纹理填充"，然后单击"插入"按钮，选择需要的图片文件，如图7-33所示。为标题版式重新设定好背景后，单击"关闭母版视图"按钮。这时可以看到"标题幻灯片"的背景样式和其他幻灯片的背景样式是不同的，如图7-34所示。

图7-33　设置背景格式

图7-34　"标题版式"的背景和其他版式的背景不一样

也就是说，在"母版视图"中可以为不同版式的母版做不同的设计。当然，通常在企业级的幻灯片中，也就是"标题版式"有单独的设计，其他的母版都是统一的风格。这样设置母版的好处到底是什么呢？例如，每当新建了一页幻灯片，只需要单击"开始"｜"版式"按钮，选择"标题幻灯片"版式，此时会发现标题版式的背景就随之改变了。如果再新建一页，会发现此时的版式又自动调整为"标题和内容"版式了，如图7-35所示。

图7-35　标题幻灯片的背景与其他页的背景不同

7.2.2　插入新版式

如图7-35所示，在这一套幻灯片中，需要有连续几张幻灯片的版式是：左边是文字，右边是文字对应的图片。对于这样的操作，如果单张做，就有可能导致每张幻灯片的文字位置和图片大小是不同的，如果要调整为相同的格式，则需要花费大量的时间。如果幻灯片的版式中有需求中这样的版式（左边文本，右边图片），操作就会变得非常简单。

单击"幻灯片母版"｜"插入版式"按钮，如图7-36所示。这时会发现，在"幻灯片母版视图"区域中增加了一个全新的版式，这个版式沿用了"大"母版的背景和基本格式，中间的内容是可以自己添加的，单击"幻灯片母版"｜"插入占位符"按钮，在弹出的下拉列表中可以看到幻灯片中占位符的种类有很多，有内容、内容（竖排）、文本、文字（竖排）等，如图7-37所示。

图7-36 插入版式

图7-37 "插入占位符"的种类

插入"文本"形式的占位符，然后在新建的版式中插入这个文本占位符，这个操作有点类似于"插入"|"文本框"，但插入的并不是文本框，而是真正的"占位符"。接下来再单击"幻灯片母版"|"插入占位符"按钮，选择"图片"，把图片占位符插入新建版式的右边。此时，新建的版式就创建完成了，这是一个左边是文字、右边是图片的全新版式，如图7-38和图7-39所示。

图7-38　在新版式的左边插入"文本"占位符

图7-39　在新版式的右边插入"图片"占位符

接下来对新建版式中的文字设置格式，设置"字体"为"等线"，再设置标题占位符中文字的字体颜色，单击"开始"｜"主题颜色"按钮，在"主题颜色"的下拉菜单中单击"取色器"，选取背景颜色中比较深的部分，如图7-40所示。用取色器来选取幻灯片中的颜色，如图7-41所示。这样文字的颜色和背景的颜色会更协调，如图7-42所示。最后，单击"幻灯片母版"｜"关闭母版视图"按钮，如图7-43所示。

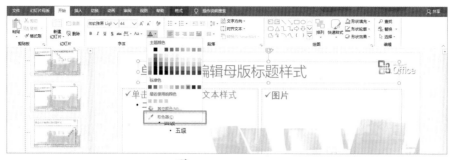

图7-40 打开取色器

图7-41 选取背景中的颜色

图7-42 修改字体颜色

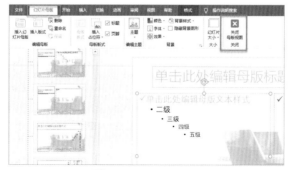

图7-43 关闭母版视图

退出"母版视图"后，选中需要插入图片的幻灯片，单击"开始"|"版式"按钮，从版式列表中选

择自定义的版式，如图7-44所示。新版式中文字的颜色及格式已经随着版式做了调整，接下来就是插入图片了。注意，以往插入图片都是逐张地插入，并且还要调整图片的大小，但是有了新建版式以后就不需要这样操作了，因为这里有"图片占位符"，只需要单击图片占位符中间"插入图片"的标志，然后选择需要的图片，这时图片就会按照占位符的大小放在幻灯片中了，如图7-45和图7-46所示。

图7-44 选择自定义母版

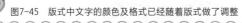

图7-45 版式中文字的颜色及格式已经随着版式做了调整

图7-46 图片大小被固定好

　　有了自定义的版式后，只要单击图片占位符中的"插入图片"图标，如图7-45所示。这样的操作比逐张地插入图片再逐张地调整要快不少。调整好之后，从第8页到第11页的幻灯片，每张幻灯片的文字、字体的大小、图片的位置都是一样的，如图7-47所示。这样的操作是不是非常便捷呢？

图7-47 自定义母版的便利性

7.2.3 母版的保存和复制

那么设计好的母版能不能用在其他新建的幻灯片上呢？

可以先把母版保存下来了：单击"设计"│"主题"组右边的下拉箭头，如图7-48所示，在下拉菜单的最后选择"保存当前主题"。注意，这里"保存当前主题"的意思其实与"保存当前母版"是一样的。值得提醒的是，应保存在默认的文件夹下，然后为主题重命名，最后单击"保存"按钮，这样主题就保存在PPT软件中了，如图7-49所示。

图7-48 保存主题

图7-49　保存在默认文件夹中

那么保存好的主题（母版）如何查看呢？

单击"设计"｜"主题"组右边的下拉菜单，选中"自定义"的组，在这里就可以找到自定义的主题了，而且也能保存多个主题。在幻灯片中就保存了7个主题，如果不需要这些保存的主题，可以直接将鼠标放在主题的缩略图标上，右击，选择"删除"，这样就可以把不需要的主题删除了，如图7-50所示。是不是很简单呢？

图7-50　查看与删除自定义主题

而当下次再需要用到这个主题的时候该怎么办呢？例如，新建一张幻灯片，单击"设计"｜"主题"组，在自定义中用鼠标单击目标主题即可，如图7-51和图7-52所示。

图7-51　选择使用自定义主题

图7-52　应用了自定义主题

第8章 "导演"我们的PPT——动画

"动画"是PPT中最有特色的功能了。熟悉PPT动画的人可以用其制作无数炫酷的效果,本章我们一起来学习动画的原理。了解了原理后,就可以做自己幻灯片的"导演"了。

提醒:千万不要把大量的时间用在创建动画上,不要把幻灯片做成"动画片"。

图8-1所示是一张已经设置好动画效果的幻灯片,全屏播放的时候是先出现标题,然后出现白色的矩形以及内部浅灰色文字,最后,幻灯片中所有图片及其对应的文字同时出现,这样的动画是如何创建的呢?

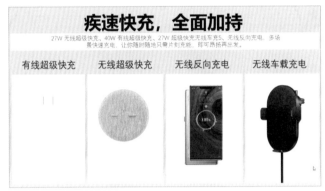

图8-1 动画幻灯片

再看第二遍的时候请留意整个幻灯片里动画出现的顺序,幻灯片在播放的时候,无须单击鼠标,所有的动画效果都是按照设定好的顺序自动出现的。

8.1 "动画"效果的种类

下面就来学习以上幻灯片的动画是如何创建的。单击"动画"|"动画窗格"按钮,当前幻灯片所使用的动画就可以在PPT右边的"动画窗格"中看到了,如图8-2所示。

这是一个还没有设置动画的幻灯片,单击"动画"功能区,会发现上面的按钮都是灰色的,这是因为还没有在幻灯片中选中任何对象,如图8-3所示。

图8-2 打开"动画窗格"

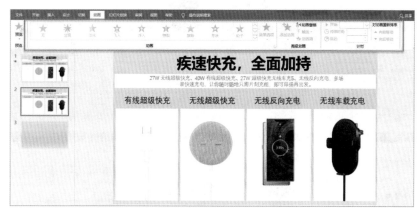

图8-3 没有选中幻灯片中的对象时的"动画"功能区

提醒：设置动画的顺序就是将来动画出现的顺序。

动画的效果分为如下4类。

1. 进入："进入"顾名思义就是设置对象是从无到有的状态。

2. 强调：也就是说轮到强调动画的时候，这个对象就会按照强调动画的效果出现，如忽明忽暗、弹跳、放大缩小等。

📺 3. 退出：退出就是从有到无的状态。所以你会发现，"进入"有的效果"退出"也会有，通常设置某个对象要进入，接下来还可以使用相同的效果退出。

📺 4. 动作路径：动作路径就是可以让设置动画的对象按照一定的线路进行运动。以上动画效果如图8-4和图8-5所示。

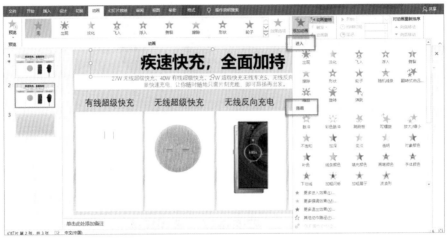

图8-4 "进入"与"强调"的动画效果

图8-5 "退出"与"动作路径"的动画效果

首先，为标题设置动画。选中标题占位符，单击"动画"|"添加动画"按钮。从"进入"开始，选择"缩放"效果。这时幻灯片会出现选中效果的预览，"缩放"效果会让选中的对象从小到大地出现，单击"动画"|"效果选项"按钮，在这里可以选择"消失点"是"对象中心"还是"幻灯片中心"，如图8-6和图8-7所示。

图8-6 选择"进入"|"缩放"效果

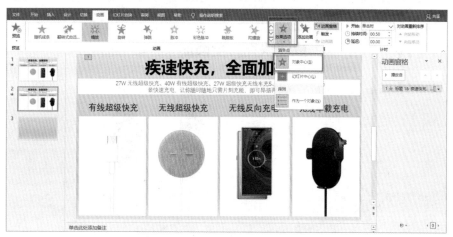

图8-7 选择"消失点"为"对象中心"

接下来为幻灯片中的白色矩形和矩形中的文本框设置动画。选中矩形，单击"添加动画"|"进

入"|"擦除"按钮，"擦除"动画的方向默认是从下往上的，如图8-8所示。要修改动画都可以在动画对应的"效果选项"中进行调整，在这里把"擦除"动画的"效果选项"调整为"自左侧"，从预览中可以看到，白色的矩形从左向右出现了，如图8-9所示。

图8-8 选择矩形效果为"擦除"

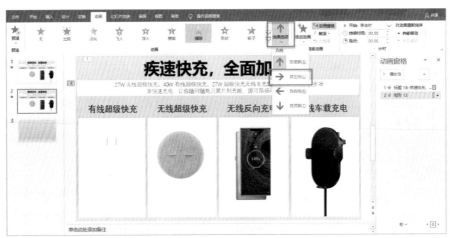

图8-9 选择"效果选项"|"自左侧"

选中白色矩形中的文本框，单击"添加动画"|"进入"|"淡化"按钮，如图8-10所示。

图8-10 选中"文本框",设置"淡化"的动画效果

在为以上3个对象设置完动画效果后,可以先单击"幻灯片放映"|"从当前幻灯片开始"按钮,如图8-11所示。可是刚才设置好动画效果的内容一个都没有出现,这是为什么呢?这是因为动画默认出现的方式都是"单击时",因此,需要单击鼠标才能够看到动画效果。

图8-11 单击"幻灯片放映"|"从当前幻灯片开始"按钮

8.2 "动画"控制的关键——出现方式

关于动画中最重要的一个知识点,我认为是动画的"开始"方式,在"动画窗格"中每一个动画说明旁都有一个鼠标的图标,如图8-12所示,意思是动画默认的出现方式是单击鼠标后动画效果才会出现,如果希望动画能够在幻灯片放映后就自动出现,该如何实现呢?

图8-12　小鼠标的标志

选中"动画窗格"中的动画说明，单击右边的下拉菜单，在下方有3个选项，即"单击开始""从上一项开始"和"从上一项之后开始"，如图8-13所示。

图8-13　动画的3种开始方式

单击开始：单击鼠标后动画效果才会出现。

从上一项开始：当前设置的效果跟前一个动画同时出现。

从上一项之后开始：前一个动画效果出现以后，当前设置的这个动画自动出现，可以理解为"一个接一个"地出现。

对于第一个动画效果而言，它前面没有其他动画效果了，所以，如果希望它自动出现，既可以选择"从上一项开始"，也可以选择"从上一项之后开始"，如图8-14所示，选中"从上一项开始"后，在动画窗格中，第一个动画说明左边的鼠标标志就消失了，如图8-15所示。

图8-14 选择"从上一项开始"

图8-15 表示"单击时"小鼠标的图标消失了

接下来是第二个动画效果，要使"白色矩形"能够在上一行文字出现完以后再出现，该如何设置呢？单击"动画窗格"中矩形所对应的动画说明，在下拉菜单中选择它的开始方式为"从上一项之后开始"，这就表示当前设置的动画在前一项动画出现以后，就紧跟着自动出现了，如图8-16所示。

图8-16 选择"矩形"的开始方式为"从上一项之后开始"

接下来，"文本框"在白色矩形出现以后再出现，同样，在"动画窗格"中选中"文本框"，设置开始方式为"从上一项之后开始"，如图8-17所示。

图8-17 设置"文本框"的开始方式为"从上一项之后开始"

以上3个动画的开始方式设置完成以后，这3个对象在幻灯片中左上角的数字也变成了0，这个数字0表示的就是"单击鼠标的次数"，也意味着前3个动画在播放的时候无须单击鼠标就会一个接一个地自动出现，如图8-18所示。

注意

只有单击"动画"功能区，在动画设置的说明左侧才能够看到表示"单击鼠标次数"的数字。

了解了动画的开始时机后，就可以设置对象是"单击时"出现、"同时"出现，还是"一个接一个地"出现了。

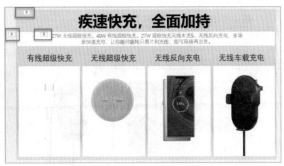

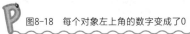

图8-18 每个对象左上角的数字变成了0

8.3 批量设置动画

还是同样的案例，如果希望下面4张图片能够同时出现，可以一次性完成这个动画设置。首先选中所有图片，然后单击"添加动画"｜"浮入"按钮，这时，所有对象从下往上自动出现了，如图8-19所示。设置完成后，可以看到在幻灯片中每一张图片左上角都显示数字"1"，这意味着在播放状态下还需要单击一次鼠标这些图片才能出现，如图8-20所示。

图8-19 选择图片效果为"浮入"

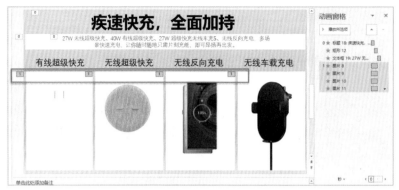

图8-20 图片左上角显示数字"1"

　　如果希望这4张图片能够在图片上方对应的文本框出现以后再出现，要如何做呢？根据上一节的介绍，只需要把第一张图片的开始方式改为"从上一项之后开始"，如图8-21所示。而把后面3张图片的开始方式都改为"从上一项开始"，这就意味着第一张图片是在文本框出现以后再出现的，那么剩下的3张图片都与第一张图片同时出现，这样就可以达到文本框一出现，所有图片就同时出现的效果了，如图8-22所示。

图8-21 设置第一张图片的开始方式为"从上一项之后开始"　图8-22 把后面3张图片的开始方式调整为"从上一项开始"

　　接下来，每一张图片上的短文本框也可以通过批量设置动画的技巧一次性进行动画设置。选中所有文本框，单击"添加动画"|"浮入"按钮，然后在"动画"|"效果选项"中选择"下浮"，如图8-23和图8-24所示。

图8-23 为选中的文本框添加"浮入"效果

图8-24 设置文本框的"效果选项"为"下浮"

　　最后，设置短文本框动画的开始方式。选中所有的短文本框，在"动画窗格"中把它们的开始方式调整为"从上一项开始"。这样这一页幻灯片中所有对象的动画效果就添加完成了。全屏放映后，效果应该是：首先出现标题文字，然后出现白色矩形、长文本框，而短文本框和下面的图片同时出现，如图8-25所示。这样是不是很简单呢？

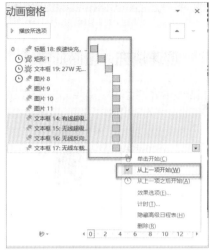

图8-25 把短文本框的开始方式改为"从上一项开始"

8.4 动画也能复制——"动画刷"

从PPT 2013的版本开始,如果需要设置多个相同且不连续的效果,就可以使用"动画刷"功能。顾名思义,"动画刷"和"格式刷"有相同的工作原理,如果想重复某一个对象的动画效果,就可以使用"动画刷"功能,如图8-26所示。

图8-26 "动画刷"功能

8.5 插入"视频"和"声音"

"视频"和"音乐"可以让PPT有更丰富的呈现效果,将"视频"和"音乐"插入PPT中很简单,只是如何对它们进行控制就需要好好学习一下了。

8.5.1 插入"视频"

单击"插入"|"视频"按钮,选择"联机视频",需要输入视频所在的网址;而选择"PC上的视频",则可直接插入计算机中已有的视频,如图8-27所示。

图8-27 插入"视频"的两种方式

单击"视频"|"PC上的视频"按钮,找到需要插入PPT中的视频文件,单击"插入"按钮,这样视频文件就被插入幻灯片中了,如图8-28所示。

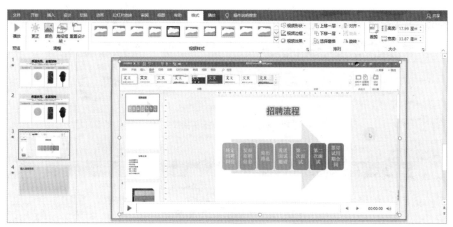

图8-28 一段视频被插入PPT中

8.5.2 对视频进行播放控制

选中视频，单击"播放"｜"剪裁视频"按钮，"剪裁视频"可以根据需求截取所需视频片段，但是，"剪裁视频"并不是真正地把视频裁剪掉，实质上是让用户选择从视频的第几秒开始播放到第几秒，如图8-29所示。

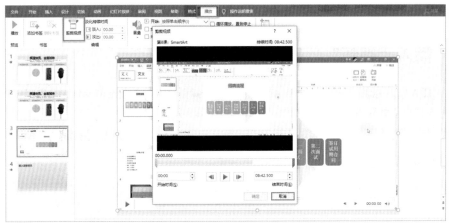

图8-29　剪裁视频的用法

勾选"全屏播放"复选框后，幻灯片在播放的时候就会自动将视频扩展到全屏幕，如图8-30所示。开始播放的方式也很重要，默认是"按照单击的顺序"，也就是说，在播放这一页幻灯片的时候，需要单击鼠标视频才会被播放，选择"自动"则无须单击鼠标，视频也会自动播放，如图8-31所示。

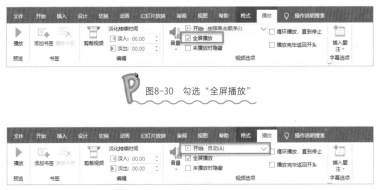

图8-30　勾选"全屏播放"

图8-31　将开始方式选为"自动"

值得注意的是，从PPT 2013的版本开始，新增了"屏幕录制"选项，也就是可以用PPT录制屏幕了，如图8-32所示。

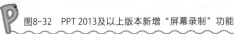

图8-32　PPT 2013及以上版本新增"屏幕录制"功能

单击"屏幕录制"按钮，在屏幕上方会出现"录制功能区"，单击"选择区域"按钮即可设定录制的区域，选定好区域后，再单击"录制"按钮，就可以录制限定区域内的内容了，如图8-33所示。

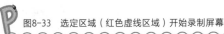

图8-33　选定区域（红色虚线区域）开始录制屏幕

8.5.3　插入"音频"

下面来了解如何在幻灯片中插入声音。单击"插入"|"音频"|"PC上的音频"按钮，选中需要插入幻灯片中的音频文件。这样音频就进入幻灯片中了，如图8-34和图8-35所示。

图8-34 插入"PC上的音频"

图8-35 音频被插入幻灯片后，显示播放进度条

8.5.4 对音频进行播放控制

　　选中声音图标 ，单击"播放"|"剪裁音频"按钮，这样可以截取播放音乐中的某一部分，如图8-36所示。

图8-36 裁剪音频功能

关于音频的更多功能，建议大家使用"动画窗格"来进行设置。单击"动画"|"动画窗格"按钮，在"动画窗格"中出现了音频的动画说明，如图8-37所示。

图8-37 使用"动画窗格"来对音频做设置

接着单击"动画窗格"中表示音乐的说明右边的下拉菜单，选择"效果选项"，如图8-38所示。在弹出的"播放音频"对话框的"效果"选项卡中有更多关于音频控制的选项，如图8-39所示。例如，设置音乐的"开始播放"位置为"从头开始"；如果希望音乐贯穿整套PPT演示文稿，则在"停止播放"处填写幻灯片的总页数，如果幻灯片有20页，则输入大于等于20的数字即可。

图8-38 选择"效果选项"

单击"播放音频"对话框中的"计时"选项卡，如图8-40所示，可以选择音乐开始的时机，如果希望在幻灯片全屏放映的时候音乐出现，在这里就可以选择"与上一动画同时"，表示不需要单击鼠标，音乐就会自动播放了。下方还有"延迟"选项，表示在幻灯片放映一段时间后音乐才出现，这个时间可以自行输入。最后一项是"重复"，用来设置音乐在幻灯片中是否重复播放以及重复的次数，如果选择"直到幻灯片末尾"，就表示音乐会一直不停地循环播放，直到幻灯片结束放映。

图8-39 "效果"选项卡中关于音频控制的设置

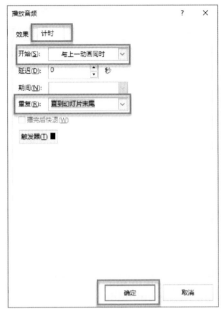

图8-40 设置音乐的"计时"

最后单击上方的"播放"|"放映时隐藏"按钮,在放映时,音乐图标 就不会显示出来了,也可以在放映之前把音乐图标移到幻灯片外,如图8-41和图8-42所示。

图8-41 隐藏小声音图标

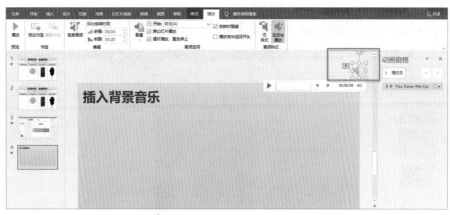

图8-42 将声音图标移到幻灯片外

8.6 让图表动起来——图表动画

PPT中的动画不宜过多，但是，如果能够让PPT中的图表按照分类或者序列依次出现，对理解演讲者的主题是有帮助的，所以"图表动画"是一定要掌握的。

8.6.1 柱形图的动画设置

如图8-43所示，这是一页插入了Excel柱形图的幻灯片，希望在放映的时候柱形图能够从下往上逐根出现，这个动画要如何设置呢？

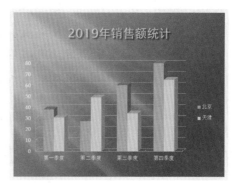

图8-43 插入了"柱形图"的幻灯片

首先，选中幻灯片中的图表对象，单击"动画"|"添加动画"按钮，选择"进入"效果中的"擦除"，此时，幻灯片中的柱形图就从下往上整体出现了，并不是逐根地出现，如图8-44所示。

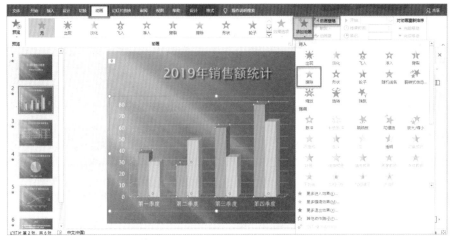

图8-44 选中柱形图，添加"擦除"效果

要想使柱形图逐根地出现，可以单击"动画"|"效果选项"按钮，关于"擦除"的序列动画（图表动画）效果，有5种方式可选，选择"按系列"后，在预览中可以看到柱形图按照城市的顺序出现了，先出现所有北京的柱形图，再出现所有天津的柱形图，如图8-45～图8-47所示。

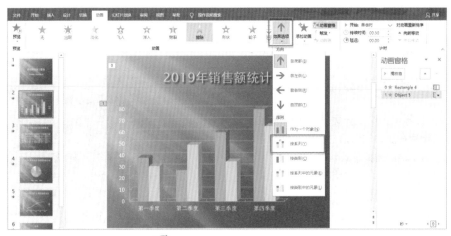

图8-45 选择"按系列"出现

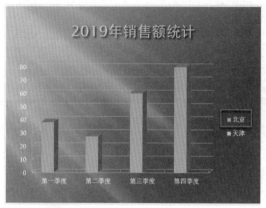

图8-46 先出现"北京"对应的柱形图

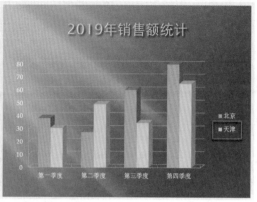

图8-47 后出现"天津"对应的柱形图

如果选择"按类别",柱形图就会按照"季度"的顺序一组组地出现,如图8-48和图8-49所示。

图8-48 选择"按类别"出现

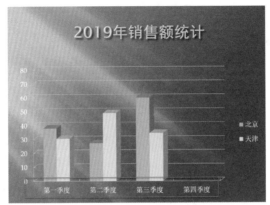

图8-49 按照"季度"顺序依次出现

8.6.2 饼图的动画设置

如果希望幻灯片中的饼图按系列一扇扇地出现，只需要选中饼图，单击"动画"│"添加动画"│"轮子"按钮，如图8-50所示。

图8-50 选择动画效果为"轮子"

单击"动画"│"效果选项"按钮，选择"轮辐图案"为"1轮辐图案"，在下方的"序列"中选择"按类别"。这样饼图就会一扇一扇地出现了，如图8-51和图8-52所示。

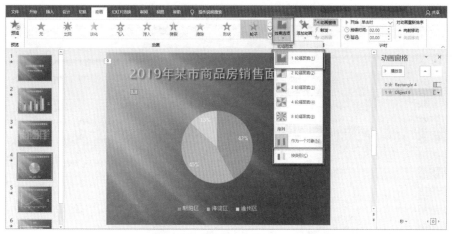

图8-51　设置"轮子"的效果选项

图8-52　扇形依次出现

8.6.3　折线图的动画设置

如果希望幻灯片中的折线图能够一根一根地自左向右出现，可以这样设置：选中折线图，单击"动

画"|"添加动画"|"擦除"按钮，如图8-53所示。接下来单击"动画"|"效果选项"按钮，把"方向"改为"自左侧"，然后在下方的"序列"中选择"按系列"，如图8-54所示。这样折线图中的线条就会一条一条地出现了。

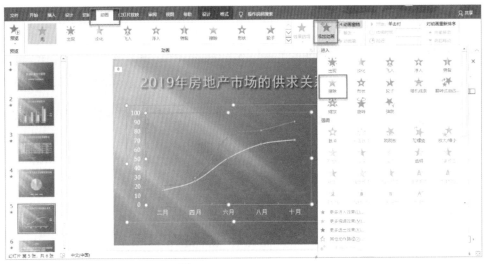

图8-53 选择"擦除"效果

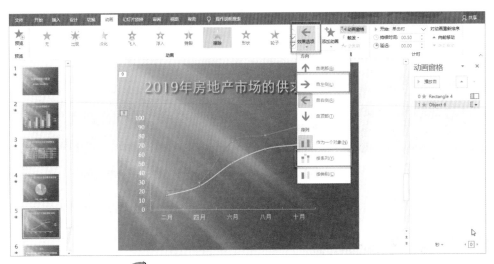

图8-54 将方向改为"自左侧"，序列为"按系列"

提醒：单击PPT中的"插入"|"图表"按钮，在幻灯片中自己创建图表，如图8-55所示。用这样的方式插入的图表才能够设置图表动画。或者在Excel中创建好图表，然后，复制粘贴到PPT中，粘贴到PPT后，在出现的效果选项中选择除了"复制图片"以外其他的效果，如图8-56所示。

图8-55　在PPT中插入图表

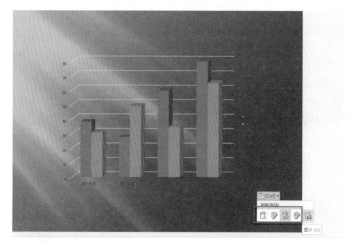

图8-56　在粘贴选项中，"图片"以外的选项都可以设置图片动画

第9章　比"插入"｜"超链接"更为重要的是"链接思维"

幻灯片的三大要素是母版、动画和超链接。本章来学习"超链接"。相信你学完本章后会对链接有一个颠覆性的认识。

9.1 "超链接"及其设置方法

如图9-1所示，在这一页幻灯片中有"动画""版式""母版""超链接""放映"等文字，希望对这些文字做超链接，这样，在全屏放映的时候，用鼠标单击这些带有链接的文字就可以跳转至相应的那一页幻灯片。

图9-1 目录幻灯片

以"放映"为例，"超链接"有以下两种做法。

1. 选中"放映"两个字，对文字设置超链接。

2. 选中"放映"外的形状，对形状设置超链接，如图9-2所示。

那么这两种方式哪一种更好呢？

图9-2 设置超链接的方式

首先，对文字做超链接。用鼠标选中文字，然后右击，选择"超链接"，接着在弹出的"插入超链接"对话框中选中左边导航栏中的"本文档中的位置"，选择需要链接到的那一页，最后单击下方的"确定"按钮。这样一个文字型超链接就设置完成了，如图9-3和图9-4所示。

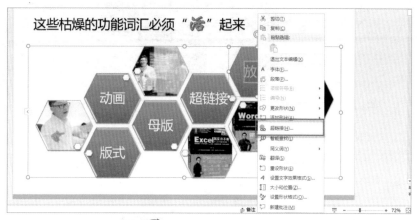

图9-3　为文字设置超链接

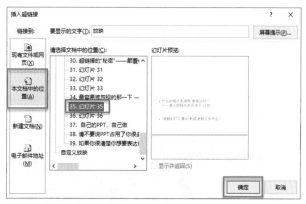

图9-4　设置超链接

　　当为文字创建超链接以后，文字字体颜色会变成蓝色，并且有下画线，如图9-5所示。这是不是很像平时在搜索引擎中看到的链接状态呢？想要测试链接的效果，直接单击文字是没有用的，一定先全屏放映，把鼠标放在有超链接的文字上，这时鼠标的形态会变成一个小手，最后单击鼠标，幻灯片就跳转了，如图9-6所示。

图9-5 文字做完超链接后字体变蓝且有下画线

图9-6 鼠标放上去变成小手图标

回到刚才为文字插入超链接的幻灯片中，刚才单击后的文字链接的字体颜色由蓝色变成了紫色，相信这种使用完链接就变色的效果很多人是不太喜欢的，如图9-7所示。

图9-7 文字从蓝色变成紫色

　　所以，更推荐读者在插入超链接的时候对幻灯片中的图形或者文本框设置超链接。例如，以"超链接"这个文本框为例，如图9-8所示，直接选中图形，右击，选择"超链接"，在"插入超链接"对话框左边的导航栏中选择"本文档中的位置"，然后单击需要链接到的幻灯片，最后单击"确定"按钮。这样的链接做完以后，你会发现文字是不会变色的，如图9-9和图9-10所示。

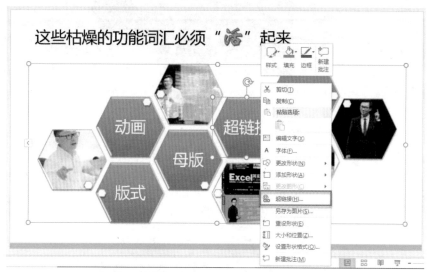

图9-8　给图形设置超链接

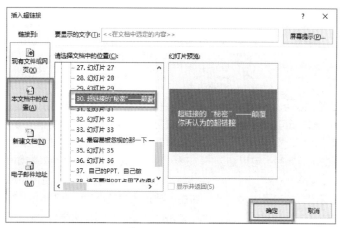

图9-9　设置超链接

图9-10 对图形设置完超链接后，图形中的文字不变色

全屏放映后，"超链接"3个字的字体颜色并没有变化，当把鼠标放在"超链接"形状上的时候，鼠标已经变成小手的状态了，这说明整个形状都是可以链接到对应幻灯片的，如图9-11所示。

图9-11 鼠标放上去变成小手图标

所以，建议不要选中文字本身插入超链接，而是直接选择文本框或者图形插入超链接。但是要注意，设置超链接有一个非常重要的原则——"有去有回"。例如，幻灯片讲述完以后，要回到之前的目录或者大纲页的时候，如果没有设置"返回"就会很尴尬。所以，千万不要忘记在"链接到"的幻灯片中设置"返回"的超链接。此时，可以插入一个形状，也可以插入一个图片。例如，单击"插入"｜"形状"按钮，选择箭头，如图9-12所示，然后把箭头插入幻灯片的右下角，选中箭头，输入"返回"。最后，就是为箭头设置超链接了。选中箭头，右击，选择"超链接"，在弹出的"插入超链接"对话框中选择"本文档中的位置"，选择第二页，然后单击"确定"按钮，这样一个链接回路就制作好了，如图9-13和图9-14所示。

就可以实现"跳转"

图9-12 插入形状按钮

图9-13 给按钮设置超链接

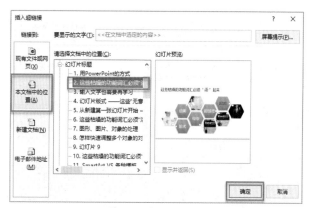

图9-14 设置超链接

  但是大家有没有发现,这个"返回"不能只出现在这一页,而是要出现在"链接到"的每一页幻灯片中,由于这个超链接转到的是第二页幻灯片,而接下来所有"返回"的箭头都是链接到第二张幻灯片的，所以，这个"返回"按钮可以复制粘贴到需要的幻灯片中，这样一个完整的超链接的闭合回路就设置完成了，如图9-15所示。

图9-15　超链接是可以随形状一同复制的

　　将来再次全屏放映的时候，当把某个内容讲完以后，可以单击"返回"图标，这样就又回到目录页了。这就是最基本的超链接的操作，如图9-16和图9-17所示。

图9-16　内容的最后一页有一个"返回"图标

图9-17 单击"返回"后回到目录页

9.2 "超链接"的隐患

　　"插入" | "超链接"对职场人士来说是非常简单的，也是很常规的一个操作，但是这样的操作却隐藏着巨大的隐患。例如，有一个非常重要的演讲，通常演讲者手里会有一个（遥控）翻页笔，翻页笔可以单击链接吗？当然不可以。既然翻页笔不能单击有超链接的位置，那么当演讲时遇到要单击超链接位置的时候，还是要拿起鼠标在幻灯片中单击，这样一来演讲就很容易被打断了。

　　所以，如果希望让受众了解演讲人正在使用超链接，可以按照幻灯片在受众视角中出现的顺序进行排列，产生超链接的幻灯片可以直接复制粘贴到对应的位置。

　　根据这个思路，大家以后在做演讲型幻灯片的时候，如果想做超链接，可以把目录页进行复制，然后粘贴到需要返回到目录页后的那一页，如图9-18所示，例如，在放完第5页幻灯片以后，原本需要单击"返回"按钮回到"目录"页，此时只需要复制"目录"这一页幻灯片，然后粘贴到第5页幻灯片后，顺序播放幻灯片就可以给观众一种"链接回目录页"的错觉，这样就方便很多，而且不易出错。

　　所以，按照以上的思路再创建演讲或者汇报型PPT的时候需要有"超链接的思路"，但是，不一定要做"插入" | "超链接"这个操作。

　　但如果PPT幻灯片创建出来的目的是给他人阅读，并不需要配以演讲，这时如果需要使用超链接，则建议用"插入" | "超链接"的功能进行设置。

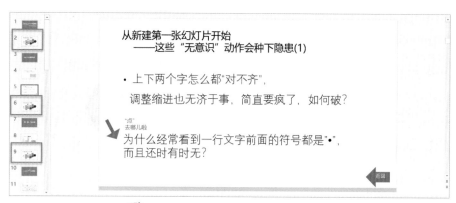

图9-18　将目录页复制并粘贴到对应幻灯片后

第10章　不容忽视的PPT放映技巧

当整个PPT制作完成后，"放映"是PPT最后的动作吗？其实并不是，处于播放状态下的PPT还能够有更多的操作让演讲者可以更好地呈现主题。除了全屏放映外，PPT还给用户提供了如排练计时、录制幻灯片演示等在没有演讲人的情况下也能让放映持续顺利进行的功能。

10.1 全屏放映的两种方式

有很多人会问：难道放映还有技巧吗？不就是选中幻灯片，按一下F5键就全屏播放了吗？F5键的确是全屏播放幻灯片的快捷键。但是，如果需要从幻灯片的第35页开始播放怎么办呢？如果还按F5键，你会看到，幻灯片又回到第1页了，也就是说，F5键表示"从头开始播放幻灯片"。

如果希望从选中的某一页开始放映，有以下两种方法（如图10-1所示）。

1. 单击"幻灯片放映"｜"从当前幻灯片开始"按钮。

2. 使用快捷键。当把鼠标放在"从当前幻灯片开始"按钮上时，屏幕会出现提醒，告诉用户"从此幻灯片开始"的快捷键是Shift+F5。

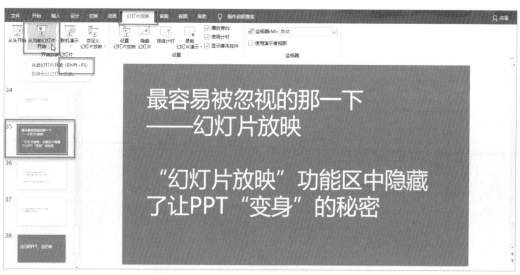

图10-1 "从当前幻灯片开始"放映的两种方式

10.2 "自定义"幻灯片的放映

如图10-2所示，单击"幻灯片放映"|"自定义幻灯片放映"按钮，在弹出的"定义自定义放映"对话框中可以新建幻灯片的放映模式。可以在"幻灯片放映名称"中为新建的放映模式命名，例如"培训"，如图10-3所示，接下来可以将"培训"需要用到的幻灯片页在下方的"在演示文稿中的幻灯片"选中，然后单击中间的"添加"按钮，其他没有被添加到自定义放映名单中的幻灯片页在使用"培训"放映方式时是不会被播放的。最后，如果需要使用"培训"模式放映幻灯片，就单击"自定义放映"按钮，然后从下拉菜单中选择"培训"，这样，在播放的时候，也就只有被添加到"培训"这个组里面的幻灯片页才能够在全屏放映中看到，如图10-4所示。

图10-2 自定义放映

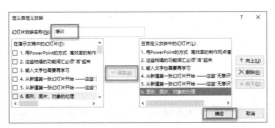

图10-3 添加"培训"组幻灯片

图10-4 选择只播放"培训"组幻灯片

10.3 "全屏放映"状态下的放映技巧

PPT在全屏放映后，除了可以单击鼠标切换幻灯片以外，还有以下技巧可以帮助演讲者更好地呈现内容和控制播放。

快速切片

在全屏放映状态下，想要从第10页跳转到第3页，并且在第10页没有制作超链接，那么怎样才能跳转到第3页幻灯片呢？只需要在全屏放映的状态下按一下键盘上的"3"，然后按Enter键，这样就跳转到第3页了。如果要显示第4页，就按"4"和Enter键。

Ctrl+P启动"笔"模式

在全屏放映状态下，圈示幻灯片里的文字可以按快捷键Ctrl+P，此时，鼠标指针状态就会由箭头变成红色的小点，"笔"的状态就被启动了，按下鼠标左键就可以用红色笔圈示重点内容了；圈示完成以后，想要把这些标记删除，只需要按一下E键就可以了，这个"E"就表示"erase"，即擦除，如图10-5和图10-6所示。

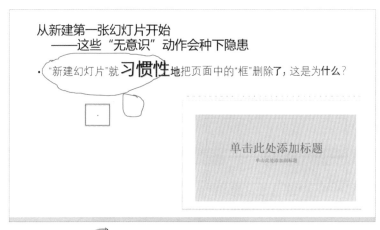

图10-5 鼠标变成小红点并且可以圈示内容

从新建第一张幻灯片开始
——这些"无意识"动作会种下隐患

· "新建幻灯片"就**习惯性**地把页面中的"框"删除了，这是为什么？

图10-6　按键盘上的E键就可以删除圈示过的笔迹

要想退出"笔"状态，只需按一下Esc键即可，这里要小心，千万不要着急按两下。因为按到第二下时，幻灯片就会退出全屏放映模式了。

10.3.3　一键黑屏或者白屏

在全屏放映的状态下，如果想休息，又不想关闭投影，那应该怎么办呢？这时千万不要遮挡投影，按下键盘上的B键就黑屏了，如图10-7所示。

图10-7　按B键黑屏

"B"是"Break"，即休息的意思，而不是"Black"哦。要想还原，按键盘上的任意一个键就可以了。同样，如果想要白屏怎么办呢？按下键盘上的W键就变成白屏的状态了。如果是触屏或者平板电脑，还可以直接用平板电脑配套的专用"笔"，在白屏状态下调出"笔"直接进行输入，这样相当于一个电子白板。按下键盘上的任意键就可以退出白板了。

10.3.4 更改绘图"笔"的颜色

单击"设置幻灯片放映"按钮，在"设置放映方式"对话框中的下方有"绘图笔颜色"，在这里可以更改绘图笔的颜色，默认状态下是红色，如图10-8所示。

图10-8 修改绘图笔的颜色

10.4 使用超链接才能"看到"的幻灯片——"隐藏幻灯片"

选中某一张幻灯片，单击"幻灯片放映"|"隐藏幻灯片"按钮，这张幻灯片就会被隐藏了，将来在顺序播放的时候被隐藏的幻灯片是不会播放的。隐藏的幻灯片只能被超链接触发。也就是说，如果某一页幻灯片设置的超链接是链接到这张隐藏幻灯片，并且放映的时候单击了这个超链接，观众才能看到这张隐藏的幻灯片，如图10-9所示。

图10-9 隐藏幻灯片功能

10.5 排练计时

什么叫"排练计时"呢？顾名思义，"排练计时"并不是正式演讲时用的。单击"幻灯片放映"|"排练计时"按钮，如图10-10所示。此时幻灯片也会处于全屏放映的状态，屏幕的左上角出现了一个计时器，这个计时器里有两个时间，左边的时间表示放映当前幻灯片页所用的时间，右边的时间表示总时间，如图10-11所示。当放映到最后一页幻灯片并且结束放映的时候，PPT会弹出提醒，显示当前幻灯片放映的总时间以及询问是否需要保留这个时间，建议大家单击"否"按钮，如图10-12所示。

图10-10 "排练计时"功能

用PowerPoint的方式

高效率地制作观点清晰的PPT

资深Office办公软件专家/讲师 张卓

图10-11 "排练计时"状态下的计时器

177

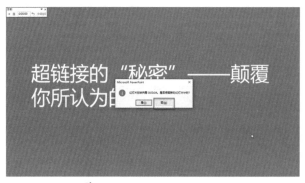

图10-12 放映结束后弹出提醒

为什么要单击"否"按钮呢？如果单击"是"按钮，在幻灯片编辑状态下，单击"视图"｜"幻灯片浏览"按钮，就可以看到预览状态下的每一页幻灯片下方都有这张幻灯片的播放时间，这个时间就是通过"排练计时"记录的每一页的放映时间，在下一次全屏放映时，幻灯片就会用保存下来的"排练计时"自动放映幻灯片了，也就是说，不需要单击鼠标切片了。以第1页幻灯片为例，第1页幻灯片在全屏播放第7秒以后就会自动切换到第2页幻灯片，而不需要单击鼠标手动切片了。所以说，"排练计时"这个功能就是把整个排练的时间都记录在里面，将来在全屏放映的时候就不需要单击鼠标了，如图10-13所示。

图10-13 保留计时时间后的浏览视图

接下来问题来了，如果单击了"是"按钮，要怎么把"排练时间"删除呢？如果是PPT 2013及以上版本，可以单击"切换"｜"设置自动换片时间"按钮，把"设置自动换片时间"的复选框取消，然后再单击左边的"应用到全部"按钮，这样幻灯片中的"排练计时"就消失了，如图10-14所示。如果是PPT 2010及以下的版本，则可以单击"动画"｜"设置自动换片时间"按钮取消自动换片时间。

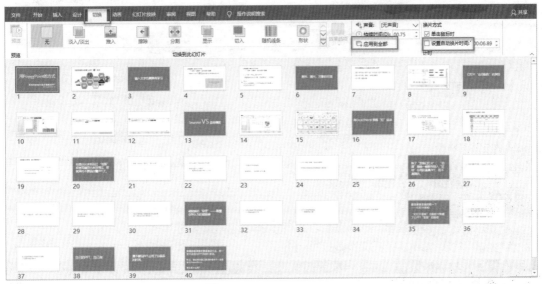

图10-14　取消自动换片时间

10.6　幻灯片的自动放映

既然说到了"设置自动换片时间"，这个功能可以用来帮助用户对幻灯片进行自动循环放映的设置。例如，希望每隔10秒自动切片。选中第1页幻灯片，然后单击"设置自动换片时间"按钮，在"设置自动换片时间"后面输入"10"（这里是以"秒"为单位的），然后按Enter键。最后单击左边的"应用到全部"按钮，否则这个时间只在第1页幻灯片中有效，如图10-15所示。单击"视图"｜"幻灯片浏览"按钮，在"幻灯片浏览"状态下可以看到所有幻灯片的时间都被调整为每隔10秒自动切片。现在，再全屏放映的时候，幻灯片就会每隔10秒自动切片，不需要再单击鼠标切片了，如图10-16所示。

图10-15 将换片时间改为10秒

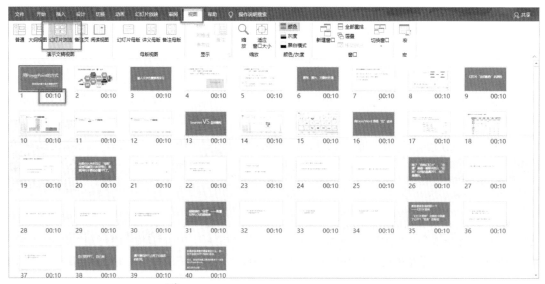

图10-16 在"幻灯片浏览"状态下可以看到时间

这时问题又来了，如果希望最后一页幻灯片放映完成后幻灯片能够自动从第1页开始放映，达到循环放映的效果，则需要在设置完"自动换片时间"后，再单击"幻灯片放映"|"设置幻灯片放映"按钮，在弹出的"设置放映方式"对话框的"放映选项"中勾选"循环放映，按Esc键终止"复选框，单击"确定"按钮。在放映状态下，当最后一页放映结束后，幻灯片就会自动地从第1页开始新一轮的放映。这个功能特别适合展台或者公众场合需要循环展示时使用，如图10-17所示。

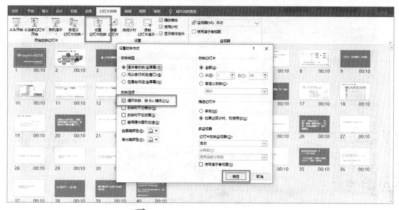

图10-17　让幻灯片循环播放

10.7　录制幻灯片演示

将鼠标放在"录制幻灯片演示"这个图标上时，就可以看到关于该功能的说明——"录制旁白、墨迹、激光笔手势以及幻灯片和动画计时回放"，如图10-18所示。

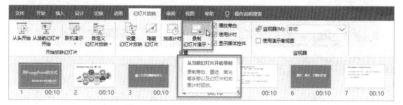

图10-18　"录制幻灯片"演示功能

　　单击"录制幻灯片演示"按钮以后，屏幕上出现了幻灯片的缩略图，并且在上方有"录制"按钮，如图10-19所示。单击"开始录制"按钮，幻灯片会出现一个倒计时的状态，演讲人说的每一句话都会被录制在幻灯片中。在幻灯片的左下角会出现倒计时，同时还能看到各种颜色的笔已经出现在幻灯片中了，还可以通过单击右边的箭头来达到换片的效果。当放映完成以后，可以单击"停止"按钮，这样就完成了幻灯片的录制，如图10-20所示。

图10-19　录制状态下的界面

图10-20　录制状态下的"倒计时""切片"和"停止录制"

　　在退出幻灯片录制演示以后，每一张幻灯片的右下角都会出现"小喇叭"图标 ，意味着讲解的声音已经被自动录制在幻灯片里了，如图10-21所示。

图10-21 幻灯片右下角有图标

经过"录制幻灯片演示"后的幻灯片再次放映时就类似一个视频短片，我建议可以直接选择"文件"|"另存为"，把幻灯片保存为mp4或者wmv格式，也就是转换为视频格式，这就相当于制作了一段短视频，如图10-22所示。

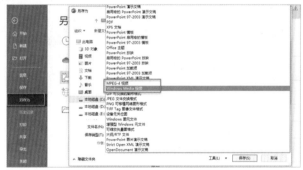

图10-22 另存为视频格式

10.8 放映状态下演讲者的专有视图——看备注

在"幻灯片放映"功能区的"监视器"组中勾选"使用演示者视图"，在连接投影的情况下，当全屏放映时，投影上显示的是幻灯片的放映页面，此时，演讲者的计算机不仅会显示幻灯片，还会显示幻灯片下面备注区域里的内容，如图10-23所示。

图10-23 打开演示者视图

　　关于PPT核心功能的详细介绍就告一段落了。希望读者在未来使用PPT的过程中能够发挥自己的创意，做出满意的幻灯片。